入門
数理モデル

評価と決定のテクニック

木下栄蔵 著

日科技連

まえがき

　この本は，数理モデルの計算法を勉強している学生や実際の業務で数理モデルを活用しようとしている人たち，直接，仕事に関係なくても教養として数理モデルの知識を身につけたいビジネスマンのために，各種数理モデルの内容をわかりやすくまとめたものである．

　ところで，今我々にとって必要なことは，失われた10年を総括し，新しいパラダイムに方向転換することである．そして，このパラダイムのキーワードは，「戦術」から「戦略」へである．今こそ，「戦略」（資本の配分の優先順位，すなわち，未来の方向を定めること）という考え方が最も重要なのである．つまり，これからのパラダイムの力点は，「結果重視」よりも「意思決定プロセス重視」へと重心が移るのである．このようなパラダイムに答えられる数理モデルが，本書で紹介する各種モデルであるが，いずれのモデルも問題解決型であるところに特徴がある．

　ところで，21世紀をむかえて，新しい人材が求められている．その人材に必要とされる能力はいくつかあるが，私はスキルとして「語学力」「コンピュータ」「財務力」「情報力」が最低必要とされると考える．これらは論理的思考能力を支えるものである．

　本書で紹介する「数理モデル」は，これら「コンピュータ」「財務力」「情報力」といったスキルを得るための重要なツールの一つである．これらのスキルは，インターネット社会（ネットワーク社会）に必要不可欠だということはいうまでもないだろう．また，ツールとしての「数理モデル」も，今後，ビジネスの世界で生きのびるためには，身につけておくべきことだと思う．

　著者は，名城大学都市情報学部で数理計画学，大学院都市情報学研究科で総合数理政策学特論の講義と，流通科学大学大学院流通科学研究科でデータ解析

まえがき

特論の講義を行ってきている．また，このほかにも数理モデルを中心としたセミナーを受け持つ機会に恵まれてきている．

　本書は，これらの著者の講義・セミナーの経験および日頃の研究活動をもとにしているので，読者のみなさんにとって実用的で理解しやすい本になったものと信じている．また，適用例は，日常的でわかりやすく楽しい話題を選んでいるので，興味深く読んでいただけるはずである．

　なお，この本を執筆するにあたり，先輩諸氏の著書等を多数参考にさせていただいた．これらの諸氏に御礼申し上げる．

　最後に，本書の企画から出版に関わる実務にいたるまでお世話になった，日科技連出版社出版部部長山口忠夫氏に深い謝意を表したい．

2001年3月10日

木　下　栄　蔵

目　　次

まえがき …………………………………………………………… iii

第1章　数理モデルを学ぶとは …………………………………… 1
1.1　なぜ今 数理モデルか　*1*
1.2　本書の構成　*3*

第2章　野球における数理モデル ………………………………… 5
2.1　OERA モデル　*5*
2.2　歴代の大打者の OERA 値　*12*
2.3　阪神日本一の謎　*18*
2.4　2000 年度の計算例　*21*
2.5　日本シリーズの確率分析　*25*

第3章　ゲームにおける数理モデル ……………………………… 29
3.1　ゲームの理論とは　*29*
3.2　2人ゼロ和ゲーム　*33*
3.3　ミニマックスの原理　*38*
3.4　ゲームの理論におけるジレンマ　*43*

第4章　決断のための数理モデル ………………………………… 49
4.1　意思決定基準　*49*
4.2　セントペテルスブルグの逆説　*55*
4.3　効用関数　*60*

第5章 多目的な状況における数理モデル … 67

- 5.1 線形計画法主問題　67
- 5.2 線形計画法輸送問題　73
- 5.3 多目的線形計画法　77
- 5.4 目標計画法　83

第6章 複雑な状況における数理モデル … 91

- 6.1 意思決定とAHP　91
- 6.2 絶対評価法　99
- 6.3 内部従属法　104
- 6.4 外部従属法　109

第7章 あいまいな状況における数理モデル … 115

- 7.1 ファジィ集合と拡張原理　115
- 7.2 ファジィ行列　123
- 7.3 ファジィ行列積　127
- 7.4 ファジィ積分　129

第8章 システム化のための数理モデル … 139

- 8.1 ＩＳＭ　139
- 8.2 ISMの適用例　146
- 8.3 Dematel法　151
- 8.4 Dematel法の適用例　158

参 考 文 献 … 165

索　　引 … 167

第1章 数理モデルを学ぶとは

1.1 なぜ今 数理モデルか

　1989年12月，日本の株価は日経ダウ平均で約39,000円(時価約530兆円)に達し，バブルの頂点を極めた．その後バブルは崩壊し，一時，株価は約12,000円台(時価約230兆円)にまで値をくずした．それから，ややもちなおしたものの，バランスシート不況(デフレ不況)の傷跡は深く，マクロ経済的には金融不況(不動産不況)が続き，設備投資・個人消費・GDPが伸びないという結果になった．またミクロ経済的には，残業時間が減ることにより可処分所得が減り，管理職ポストさらに雇用全体の削減へと進展している．今では，リストラという言葉は日常茶飯事に使われるまでになっている．このことは，従来までの終身雇用制度・年功序列制度に支えられてきた会社本位主義を読みかえる時期にさしかかっていることを示している．すなわち，よき会社人(共同体型)であることよりもよき社会人(成熟型)であることを問われ，生活大国(消費者主体)に目を向けるべきことを示唆している．

　以上の話から我々は大きな教訓を学んだといえる．1つは，第二次世界対戦以降，右上りの直線(経済のパイは拡大し，株や土地は上昇しつづけると信じていた．特に土地神話は信仰に近いものがあった．)を信じたことである．著者は，これを回帰分析症候群(Regression Syndrome)と呼んでいる．もう1つは，マネーゲームに狂奔することのむなしさである．このような資金は，広い意味

での社会資本整備(IT＜情報技術＞関連も含めて)に投資すべきであったと思われる(その結果，IT革命は米国に遅れをとった)．

したがって，今，必要なことは，1990年からの失われた10年を総括し，新しいパラダイムに方向転換することである．そして，このパラダイムの変革のキーワードは，「戦術」から「戦略」へである．今こそ，「戦略」(資本の配分の優先順位，力点の置き方のフレームワーク，すなわち，未来の方向を定めること)という考え方が最も重要なのである．コンセプトの変革としては，「選択された道を上手に走る」(手段)ことから「正しい道を選ぶ」(目的)ことであり，まさに意思決定が必要不可欠なのである．時代背景としては，「あれもこれもの時代」(バブル期の予算のつけ方)から「これだけはの時代」(これからの予算のつけ方)への変遷である．つまり，これからのパラダイムの力点は，「結果重視」よりも「意思決定プロセス重視」へと重心が移ると思われる．

このようなパラダイムに答えられる数理モデルが，本書で紹介する各種モデルである．内容は1.2節に述べてあるが，いずれのモデルも問題解決型モデルであるところが特徴である．

ところで，21世紀をむかえて，新しい人材が求められている．その人材に必要とされることはいくつかあるが，私はスキルとして，「語学力」「コンピュータ」「財務力」「情報力」が最低必要とされるだろうと考えている．これらは論理的思考能力を支えるものである(図1.1参照)．

これから学ぶ「数理モデル」は，「コンピュータ」「財務力」「情報力」といっ

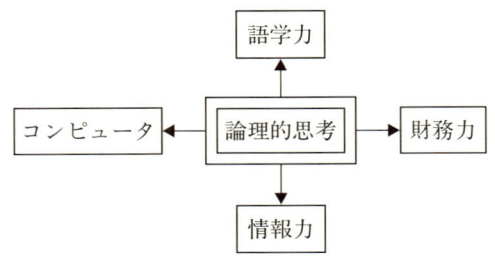

図1.1　新しい人材に求められるスキル

たスキルを得るために重要なツールの1つである．これらのスキルは，インターネット社会(ネットワーク社会)に必要不可欠だということはいうまでもないだろう．またツールとしての「数理モデル」も，今後，ビジネスの世界で生きのびるためには，身につけておくべきことだと思う．

1.2 本書の構成

　本書では，各種数理モデルを状況に応じてやさしく解説する．以下各章の内容について簡単に述べる(図1.2参照)．

　第2章　野球における数理モデル

　　　　野球における数理モデルとしてOERAモデルを中心に紹介する．OERAモデルは米国のコウバーとゲイラーが提案した打者貢献度指数である．すなわち，このモデルは，野球における打者の公平かつ正確な評価を行うための計算といえる．

　第3章　ゲームにおける数理モデル

　　　　フォンノイマンとモルゲンステルンによって確立されたゲームの理論について説明する．すなわち，ミニマックスの原理，ゼロサムの混合戦略，ノン・ゼロサムの戦略(囚人のジレンマ)など，具体的な政策を中心に記述する．

　第4章　決断のための数理モデル

　　　　意思決定基準(ラプラスの基準，マキシミンの基準，フルビッツの基準，ミニマックスの基準)，効用関数(期待値と期待効用，効用関数と主観確率の関係)などについて説明する．

　第5章　多目的な状況における数理モデル

　　　　線形計画法と多目的な線形計画法について説明し，次に目標計画法について紹介する．目標計画法とは，目標が複数ある場合，多くの目標の達成度合いを全体的に高めるという考えに基づいて作られた手法である．

　第6章　複雑な状況における数理モデル

T. L. Saaty により提唱された不確実な状況や多様な評価基準における意思決定手法(AHP 手法)について紹介する．さらに，この手法の数理的背景・特徴・使い方などについて豊富な例題を混えて説明する．

第 7 章　あいまいな状況における数理モデル

人間の思考過程(決断)が介在するような問題を取り扱う方法としてファジィ手法がある．この方法は，L. A. Zadeh の提唱以来すでに 30 年が経過し，これまでに方法論の拡張，各種分野への応用が研究されている．このファジィ理論の中のファジィ積分をわかりやすい例とともに紹介する．

第 8 章　システム化のための数理モデル

システム工学における階層構造化手法(ISM と Dematel)を具体的な例とともに説明する．ISM モデルは，J. N. Warfield によって提唱された階層構造化手法の 1 つであり，Dematel 法は，専門的知識をアンケートという手段により集約することによって，問題の構造を明らかにするものであり，問題複合体の本質を明確にし，共通の理解を集める方法である．

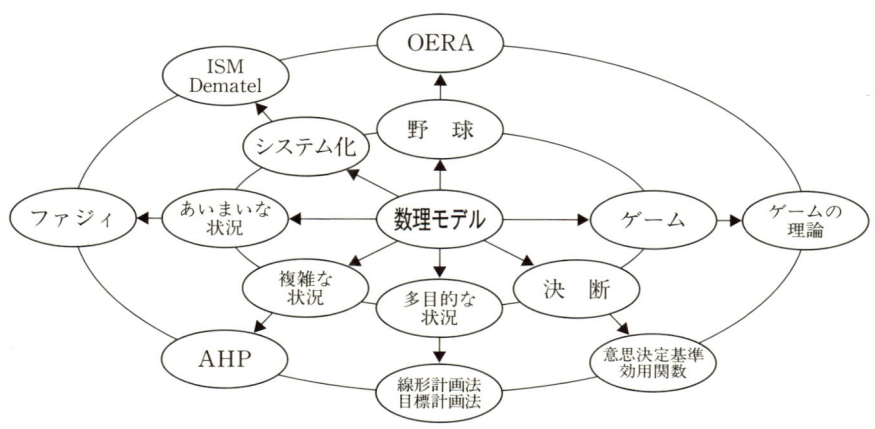

図 1.2　本書の構成

第 2 章　野球における数理モデル

　本章では，野球における数理モデルとして，OERA モデル（アメリカのコウバーとゲイラーが提案した打者貢献度指数モデルである）と確率モデル（日本シリーズを制する確率モデル）について説明する．

2.1　OERA モデル

Q 2-1　野球における打者の評価とは？

　野球における打者の評価はいろいろな方法が考えられる．例えば，打率・本塁打数・打点数・出塁率といった毎年表彰される指標がある．ところが，このような評価は 1 つの尺度でしか測れない欠点がある．例えば，本塁打数は多いが打率の低い打者と本塁打数は少ないが打率の高い打者とでは，どちらの評価が高いかという疑問に答えてくれない．あるいは，チャンスに強く打点数は多いが出塁数が少ない打者と，チャンスに弱く打点数が少ないが出塁数が多い打者との比較などもこの例である．さらに強いチームに在籍したおかげでチャンスに打席がよく回ってくる打者と，弱小球団に在籍したことによりいつも打席に立つとランナーがいない打者との比較なども困るのである．

　そこで，公平かつ正確に打者の評価を行うためのモデルはあるのであろうか？

A 2-1

ここでは，公平かつ正確に打者の評価を行うための OERA モデルを紹介する．このモデルは，コウバーとゲイラーによる「野球のための OERA (Offensive Earned Run Average) 計算法」という論文で紹介されたものである．つまり，打者の評価を客観的に行うものであり，チーム力の強弱による誤差をなくそうとする計算法である．

すなわち，特定の打者が常に打席に立ち 9 回まで攻撃したと仮定し，何点得点するかを基準とする．そのためには，凡打，各安打(単打・二塁打・三塁打・本塁打)，四死球に対して，状態(アウトカウントとランナーの状況)がどのように移るかを想定しておかなくてはならない([慣例]の項参照)．この条件のもとで，ある打者が毎打席同じ確率分布(凡打の確率,各安打の確率,四死球の確率)で攻撃を繰り返すシミュレーションを行い，その結果，平均して毎試合何点得点したかによって評価するものである．

〔定義〕

特定の打者が常に打席に立ち，9 回まで攻撃したと想定すると何点得点するか，を尺度とする．

〔慣例〕

(1) 犠打はすべて計算されない．
(2) エラーはアウトとして計算される．
(3) アウトによってランナーは進塁しない．
(4) すべての単打と二塁打は長打であるとする．すなわち，単打はベースランナーを二塁進塁させる．そして二塁打は一塁からランナーを生還させる．
(5) ダブルプレーはないとする．

〔状態〕

図 2.1 に示すように，状態は，0，1，2，…，24 である．すなわち，スリーアウトを 0 とし，以下ノーアウトランナーなしを 1，ノーアウトランナー一塁を 2，…，ツーアウトランナー満塁を 24 とする．

〔打撃〕

打撃は O (凡打)，B (四死球)，1 (単打)，2 (二塁打)，3 (三塁打)，4 (本塁

2.1 OERAモデル

ノーアウト	1	2	3	4	5	6	7	8
ワンアウト	9	10	11	12	13	14	15	16
ツーアウト	17	18	19	20	21	22	23	24
スリーアウト	＝吸収状態：状態 0 とする							

図 2.1　アウトカウントとランナーの状態

打)で構成される．したがって **OERA 値**は，P_0(アウトの確率)，P_B(四死球の確率)，P_1(単打の確率)，P_2(二塁打の確率)，P_3(三塁打の確率)，P_4(本塁打の確率)の値により計算される．

ただし，P_0，P_B，P_1，P_2，P_3，P_4 は次のように定める．

$$P_0(凡打になる確率) = \frac{(凡打数)}{(打数＋四死球数)}$$

$$P_B(四死球になる確率) = \frac{(四死球数)}{(打数＋四死球数)}$$

$$P_1(単打になる確率) = \frac{(単打数)}{(打数＋四死球数)}$$

$$P_2(二塁打になる確率) = \frac{(二塁打数)}{(打数＋四死球数)}$$

$$P_3(三塁打になる確率) = \frac{(三塁打数)}{(打数＋四死球数)}$$

$$P_4(本塁打になる確率) = \frac{(本塁打数)}{(打数＋四死球数)}$$

以上のように定めた規則により野球が定式化されるのである．すなわち，

　　　状態：$S \in \{0, 1, 2, \cdots, 24\}$

と

打撃：$H \in \{O, B, 1, 2, 3, 4\}$

が与えられたとき，打撃の結果により新しい状態 S' は次のように定められる．

$$S' = f(H, S)$$

例えば，$S=11$（ワンアウトランナー二塁）で $H=1$（単打）の場合，新しい状態 $S'=10$（ワンアウトランナー一塁）となる．また，この打撃によって生じる得点値 $Y(H, S)$ も定められる．この場合，二塁ランナーがホームインするので得点値 $Y(1, 11) = 1$ となる．

このように考えると野球というゲームは，**マルコフ連鎖**になっていることがわかる．なぜなら，ある打者が打撃を完了した後の状態は，この打者が打席に入るときの状態にのみ関係し，それ以前の状態は関係しないからである．しかもスリーアウトになるとその回は必ず終了するので，吸収源（スリーアウト）を有する．

すなわち，野球とは，起こり得る状態が $\{0, 1, \cdots, 24\}$ であり，その中で吸収源が1つで，他の状態が24個ある**吸収マルコフ連鎖**である．

さて，一般的に定常な吸収マルコフ連鎖の**推移確率行列**は次のように表わされる．

$$P = \begin{array}{c} \\ r個 \\ s個 \end{array} \begin{array}{c} r個 \quad s個 \\ \left[\begin{array}{cc} I & 0 \\ T & Q \end{array} \right] \end{array}$$

ところで，野球の場合，吸収源は1つしかないから，I 行列は1である．また，非吸収状態 $s=24$ 個だから，Q は 24×24 の行列となる．したがって推移確率行列 P は次のようになる．

$$P = \begin{array}{c} \\ r=1 \\ s=24 \end{array} \begin{array}{c} r=1 \quad s=24 \\ \left[\begin{array}{cc} 1 & 0 \\ T & Q \end{array} \right] \end{array}$$

さらに，本モデルの慣例に従えば，T と Q は以下のようになる．ところで，ノーアウトランナーなし（状態1）からツーアウト満塁（状態24）までの状態に

2.1 OERAモデル

おいて，次の打者がどのような結果になったとき，状態がどう変化するかを想定すれば，T ベクトル，Q マトリックスは決定される．

$$T = \begin{array}{c} 0 \\ \begin{matrix} 1 \\ \vdots \\ 8 \\ 9 \\ \vdots \\ 16 \\ 17 \\ \vdots \\ 24 \end{matrix} \left[\begin{array}{c} T_1 \\ \\ T_2 \\ \\ T_3 \end{array} \right], \quad Q = \begin{array}{c} \begin{matrix} 1 \cdots 8 & 9 \cdots 16 & 17 \cdots 24 \end{matrix} \\ \begin{matrix} 1 \\ \vdots \\ 8 \\ 9 \\ \vdots \\ 16 \\ 17 \\ \vdots \\ 24 \end{matrix} \left[\begin{array}{ccc} Q_{11} & Q_{12} & Q_{13} \\ Q_{21} & Q_{22} & Q_{23} \\ Q_{31} & Q_{32} & Q_{33} \end{array} \right] \end{array}$$

ただし，

$$T_1 = \begin{bmatrix} 0 \\ 0 \\ \vdots \\ 0 \end{bmatrix}, \quad T_2 = \begin{bmatrix} 0 \\ 0 \\ \vdots \\ 0 \end{bmatrix}, \quad T_3 = \begin{bmatrix} P_{\mathrm{o}} \\ P_{\mathrm{o}} \\ \vdots \\ P_{\mathrm{o}} \end{bmatrix}$$

$$Q_{11} = \begin{bmatrix} P_4 & P_1+P_{\mathrm{B}} & P_2 & P_3 & 0 & 0 & 0 & 0 \\ P_4 & 0 & P_2 & P_3 & P_{\mathrm{B}} & P_1 & 0 & 0 \\ P_4 & P_1 & P_2 & P_3 & P_{\mathrm{B}} & 0 & 0 & 0 \\ P_4 & P_1 & P_2 & P_3 & 0 & P_{\mathrm{B}} & 0 & 0 \\ P_4 & 0 & P_2 & P_3 & 0 & P_1 & 0 & P_{\mathrm{B}} \\ P_4 & 0 & P_2 & P_3 & 0 & P_1 & 0 & P_{\mathrm{B}} \\ P_4 & P_1 & P_2 & P_3 & 0 & 0 & 0 & P_{\mathrm{B}} \\ P_4 & 0 & P_2 & P_3 & 0 & P_1 & 0 & P_{\mathrm{B}} \end{bmatrix}$$

$$Q_{12} = \begin{bmatrix} P_{\mathrm{o}} & 0 & \cdots\cdots\cdots\cdots\cdots\cdots\cdots\cdots & 0 \\ 0 & P_{\mathrm{o}} & 0 & \cdots\cdots\cdots\cdots\cdots & & & 0 \\ \vdots & 0 & P_{\mathrm{o}} & 0 & \cdots\cdots\cdots\cdots & & & 0 \\ \vdots & & 0 & P_{\mathrm{o}} & 0 & \cdots\cdots\cdots & & 0 \\ \vdots & & & 0 & P_{\mathrm{o}} & 0 & \cdots\cdots & 0 \\ \vdots & & & & 0 & P_{\mathrm{o}} & 0 & 0 \\ \vdots & & & & \vdots & 0 & P_{\mathrm{o}} & 0 \\ 0 & 0 & 0 & 0 & 0 & 0 & 0 & P_{\mathrm{o}} \end{bmatrix}$$

$Q_{13} = 0$ （8×8の零行列）
$Q_{11} = Q_{22} = Q_{33}$
$Q_{12} = Q_{23}$
$Q_{13} = Q_{21} = Q_{31} = Q_{32}$

となる．

このような推移確率行列 P の中で，とくに非吸収状態間の推移確率行列 Q（24×24の行列）に注目する．この Q に対して，

$$I + Q + Q^2 + \cdots\cdots = (I-Q)^{-1}$$

なる関係が成り立つ．この式の右辺 $(I-Q)^{-1}$ は，吸収マルコフ連鎖の**基本行列**と呼ばれる．この基本行列には，次のような特性がある．つまり，この基本行列の i, j 要素は，i 状態を出発し，まわりまわって j 状態を通過する回数の期待値を表わしているというものである．

ところで，この性質を野球に適用すると次のようになる．そもそも，野球はノーアウトランナーなし（状態1）から始まる．したがって，状態1から始まり，各状態を通過する回数の期待値がわかれば，1イニングの期待得点値がわかる．そこで，さきほどの Q から $(I-Q)^{-1}$ を計算し（結果も24×24の行列），その第1行に注目する．すなわち，この基本行列の $1j$ 要素は，状態1から始まったこのイニングにおいて状態 j を通過する回数の期待値を表わしている．この値と状態 j における期待得点値 R がわかれば1イニングの期待得点値がわかる．ところで，状態 j（各状態）における期待得点値 R は，本モデルの慣例に従えば次のようになる．

$$R = \begin{matrix} 1 \\ \vdots \\ 8 \\ 9 \\ \vdots \\ 16 \\ 17 \\ \vdots \\ 24 \end{matrix} \left[\begin{array}{c} R_1 \\ \\ R_2 \\ \\ R_3 \end{array} \right]$$

ただし，

2.1 OERAモデル

$$R_1 = \begin{bmatrix} P_4 \\ 2P_4+P_3+P_2 \\ 2P_4+P_3+P_2+P_1 \\ 2P_4+P_3+P_2+P_1 \\ 3P_4+2P_3+2P_2+P_1 \\ 3P_4+2P_3+2P_2+P_1 \\ 3P_4+2P_3+2P_2+2P_1 \\ 4P_4+3P_3+3P_2+2P_1+P_B \end{bmatrix}$$

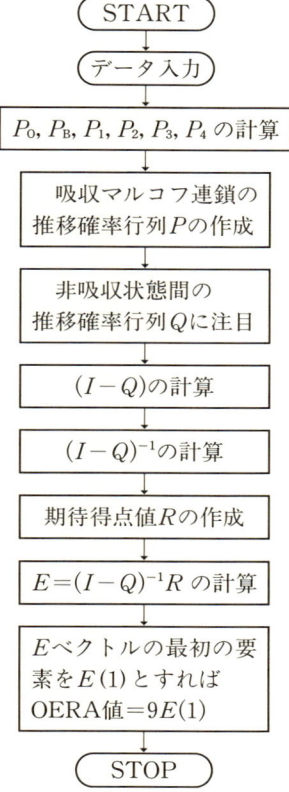

図2.2 OERA モデルのフローチャート

また，$R_1 = R_2 = R_3$ となる．

あるイニングにおける状態 S からの期待得点値 E は，

$$E = [I - Q]^{-1} R$$

であるから，状態1（ノーアウトランナーなし）から始まる1イニングの期待得点値は E ベクトルの最初の要素 $E(1)$ となる．したがって，ある打者の1試合当りの期待得点値である OERA 値は，

$$\mathrm{OERA} = 9E(1)$$

となる．

ところで，OERA モデルのフローチャートは図 2.2 に示すとおりである．

この結果，野球における打者の評価を公正かつ正確に行うことができる．すなわち，特定の打者の年度別推移や，ある年度における多くの打者の比較評価により，種々の分析を行うことができる．さらにチーム別の比較により，各チームの特徴を抽出することもできる．

2.2 歴代の大打者の OERA 値

Q 2-2 川上から落合まで大打者の条件とは？

歴代の大打者，例えば，初代ミスタータイガース藤村富美男・野球の神様川上哲治・ミスタープロ野球長嶋茂雄・安打製造機張本勲・ＩＤ野球の元祖野村克也・世界のホームラン王王貞治・天才型ホームラン打者大下弘と田淵幸一・攻走守三拍子そろった山本浩二・三度の三冠王を獲得した落合博満等々の OERA 値はどのようであったか？　入団以降の推移値はどのような傾向にあるのか？

A 2-2 歴代の大打者達の単年別 OERA 値の推移を計算した結果，以下に示すような分類にまとめることができた．

2.2 歴代の大打者のOERA値

〔兵役開花型〕 … 藤村富美男・川上哲治

2人とも入団4，5年目で兵役につき，大事な時期を軍隊でくらしている．しかし，戦後開花して成功した選手である．藤村富美男の最高の年は1950年（入団15年目）でOERA値12.721であった（図2.3参照）．一方，川上哲治は1951年（入団14年目）でOERA値11.054であった（図2.4参照）．

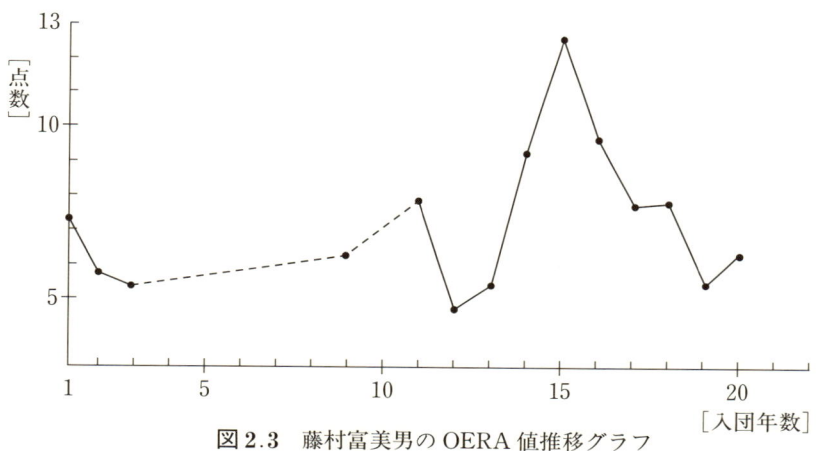

図2.3 藤村富美男のOERA値推移グラフ

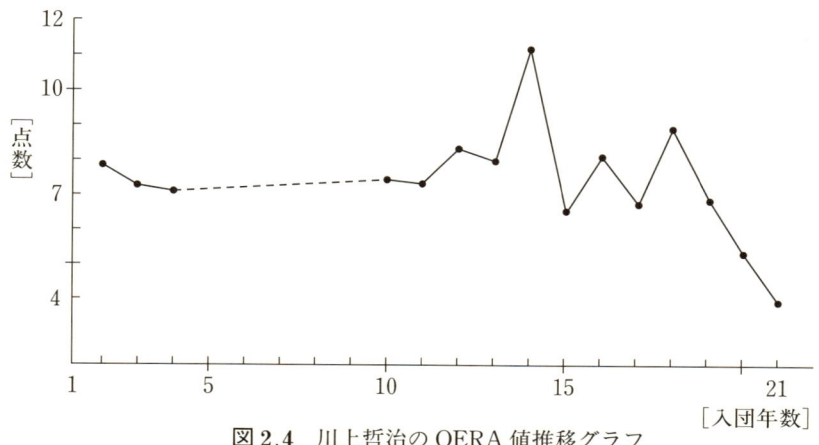

図2.4 川上哲治のOERA値推移グラフ

〔天才好不調型〕 … 長嶋茂雄・張本勲

　2人とも，1年ごとに好不調が入れ替わるのである．OERA推移グラフを見れば明らかである．彼らのカンが1年ごとの周期をもって変化するからであろうか？　どちらにしても興味ある特徴である(図2.5，図2.6参照)．

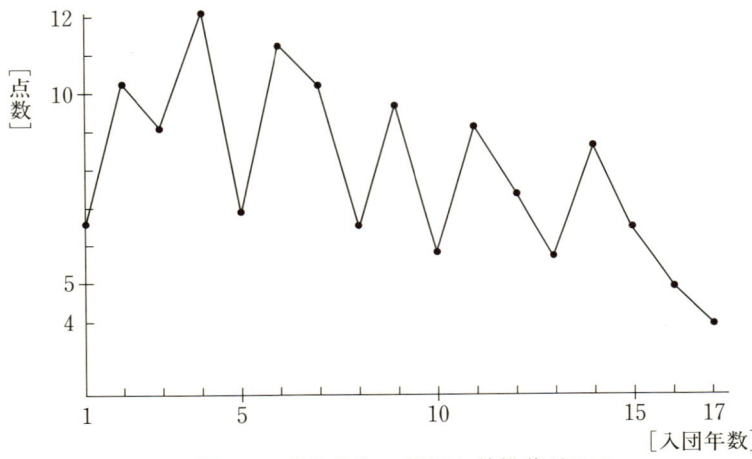

図2.5　長嶋茂雄のOERA値推移グラフ

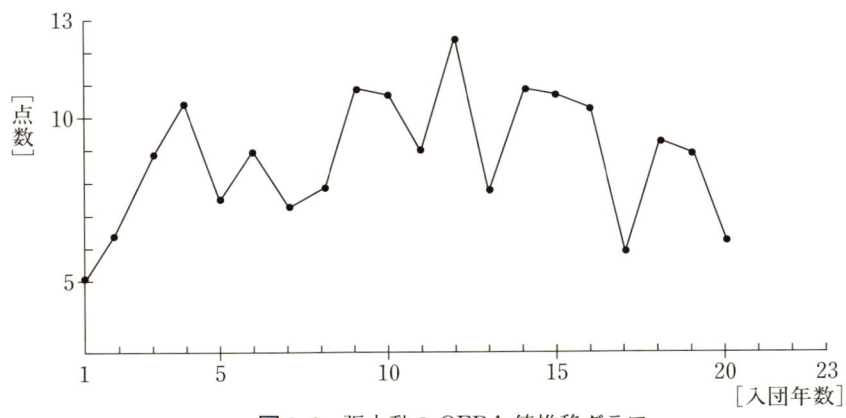

図2.6　張本勲のOERA値推移グラフ

2.2 歴代の大打者のOERA値

〔苦労人開花型〕　…　**野村克也・王貞治**

とくに野村は苦労して二軍からはい上がって成功した「苦労人開花型」である．彼のOERA値推移グラフを見ると山形カーブを描きそれを表わしている．王は野村に比べればめぐまれていたが，OERA値推移グラフのカーブは，「苦労人開花型」に近いのである（図2.7，図2.8参照）．

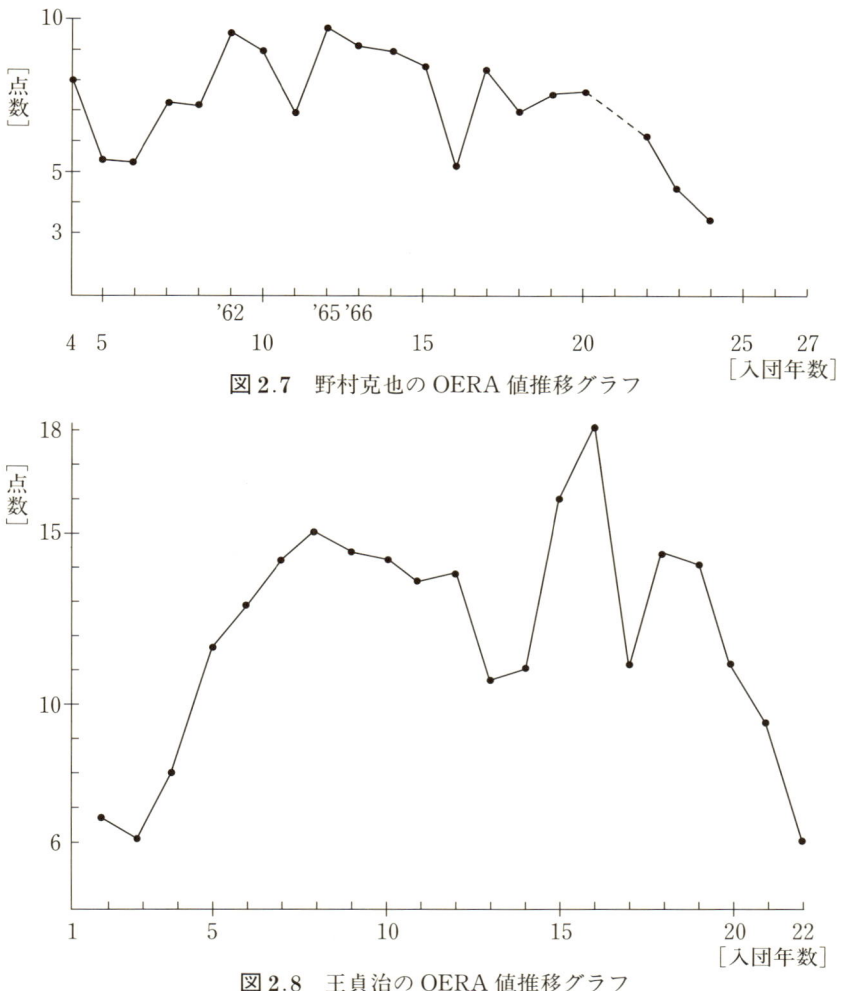

図2.7　野村克也のOERA値推移グラフ

図2.8　王貞治のOERA値推移グラフ

〔打ち上げ花火型〕 … **大下弘・田淵幸一**

　2人とも天才型ホームラン打者であり，比較的短い期間の活躍である．このOERA値推移グラフの特徴は「打ち上げ花火型」といえる(図2.9，図2.10参照)．

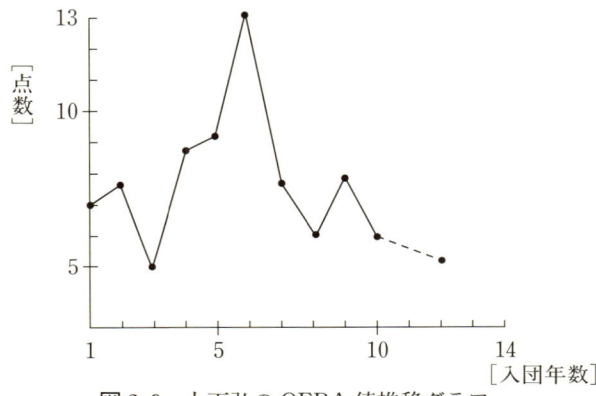

図 2.9　大下弘の OERA 値推移グラフ

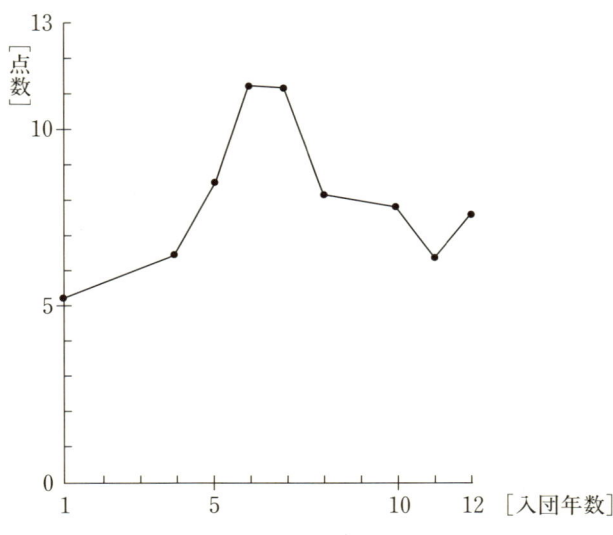

図 2.10　田淵幸一の OERA 値推移グラフ

2.2 歴代の大打者のOERA値

〔大器晩成型〕 … 山本浩二

OERA 推移グラフから見て典型的な「大器晩成型」である．入団9年目に中距離ヒッターから長距離ヒッターに変身する．とくに，1980年は最高の年で，OERA値 12.556 もベストであった(図 2.11 参照)．

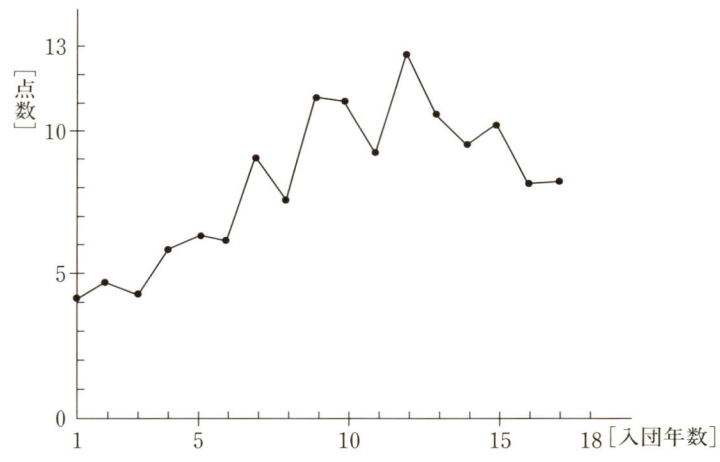

図 2.11 山本浩二の OERA 値推移グラフ

〔天才・非凡型〕 … 落合博満

3度の三冠王を手中にした落合はさすが，プロの中のプロの打者という感が

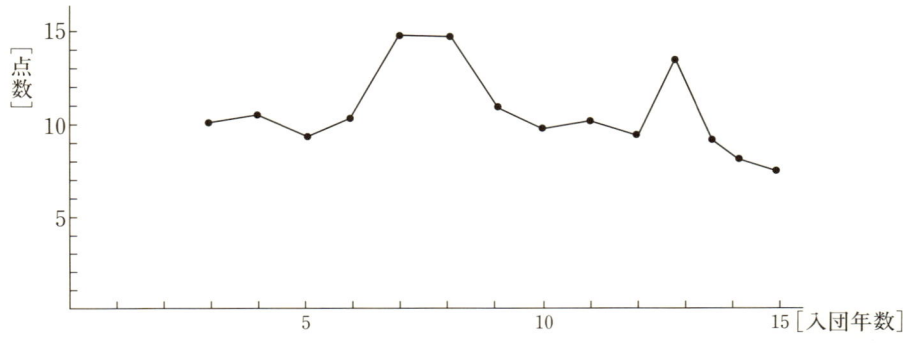

図 2.12 落合博満の OERA 値推移グラフ

強い．とくに圧巻は，1985年(入団7年目)と1986年(入団8年目)の連続三冠王である．OERA値も(14.882)と(14.838)と彼の最高値を記録する(図2.12参照)．

2.3 阪神日本一の謎

Q 2-3 日本一の条件とは？（阪神タイガースの例）

1985年度プロ野球日本シリーズは，阪神タイガースが4勝2敗で初めての日本一に輝いた．シーズン前は，誰一人として阪神優勝を予想しなかった．打線の充実はあっても投手力の弱体は隠せず，一年間を戦い抜ける戦力ではないというのが大方の評論家諸氏の言い分であった．ところが幕を開けてみると，あれよあれよという間に首位に躍り出て，ついに最後まで走り抜けてしまった．何故であろうか？

A 2-3 そこで，1985年度セパ両リーグの打撃成績を OERA モデルにより分析する．その結果，セ・リーグ打撃30傑(32位の平田を含む)の OERA 値と，パ・リーグ5傑(31位の秋山を含む)の OERA 値を表2.1に示す．さらに，セ・リーグ OERA 値10傑と上位3球団(阪神・広島・巨人)のチームベスト5人ごとの OERA 値を表2.2に示す．これらのことから次のことがわかる．

(ⅰ) 阪神の選手(とくにバース，岡田，掛布，真弓)の OERA 値が高いことがわかる．三冠王のバースは，勝利打点，最高出塁率，そして OERA 値トップで実質六冠王である．一方，広島のトップ山本浩二が阪神なら5位，巨人のトップ吉村が阪神なら4位になる．これを見ても阪神の打撃のすばらしさがわかる．

(ⅱ) パ・リーグ三冠王の落合(ロッテ／14.882)，打撃2位のデービス(近鉄／10.177)は高い OERA 値を示している．

2.3 阪神日本一の謎

表2.1 セ・パ両リーグの打撃成績

	打率	試合数	打数	安打	二塁打	三塁打	本塁打	塁打	打点	勝利打点	三振	四死球	犠打	盗塁	OERA
セ・リーグ個人打撃成績															
①バース（神）	.350	126	497	174	21	0	54	357	134	22	61	70	3	1	11.579
②岡田（神）	.342	127	459	157	24	3	35	292	101	13	41	67	6	7	10.453
③吉村（巨）	.3284	120	344	113	19	1	16	182	56	6	36	64	10	8	9.626
④山崎（広）	.3280	130	509	167	23	2	10	224	46	7	53	77	24	35	7.793
⑤真弓（神）	.322	119	497	160	32	2	34	298	84	10	52	57	3	8	8.790
⑥高木豊（洋）	.318	125	488	155	33	5	11	231	50	6	50	83	6	42	8.258
⑦杉浦（ヤ）	.314	121	401	126	26	0	34	254	81	11	43	77	3	1	10.414
⑧クロマティ（巨）	.309	119	482	149	34	1	32	281	112	9	51	34	8	4	7.475
⑨篠塚（巨）	.307	122	466	143	21	1	8	190	54	3	45	45	27	6	5.767
⑩八重樫（ヤ）	.3044	120	427	130	28	1	13	203	68	5	72	44	10	2	6.660
⑪屋舗（洋）	.3040	118	444	135	15	5	15	205	78	15	74	46	7	58	6.338
⑫レオン（洋）	.303	128	462	140	21	0	31	254	110	9	77	77	7	6	8.585
⑬松本（巨）	.302	130	523	158	26	1	5	201	37	4	83	55	10	32	5.531
⑭モッカ（中）	.301	102	362	109	20	2	13	172	54	4	40	49	1	4	7.098
⑮掛布（神）	.3004	130	476	143	18	4	40	287	108	8	62	97	6	3	9.687
⑯若松（ヤ）	.3002	114	443	133	13	1	12	184	34	5	30	31	11	2	5.186
⑰平野（中）	.2998	130	527	158	26	5	6	212	49	6	57	32	32	17	4.917
⑱中畑（巨）	.294	125	490	144	32	2	18	234	62	7	39	31	5	7	5.809
⑲衣笠（広）	.292	130	480	140	16	0	28	240	83	11	77	49	11	10	6.555
⑳長島（広）	.291	130	453	132	19	4	15	204	55	5	69	59	17	14	6.382
㉑川又（中）	.290	122	362	105	27	3	9	165	44	4	50	54	6	2	6.841
㉒谷沢（中）	.289	104	360	104	23	0	11	146	47	5	44	43	2	1	5.602
㉓佐野（神）	.2880	120	375	108	18	1	13	167	60	7	27	28	10	1	5.452
㉔山本浩（広）	.2879	113	382	110	15	1	24	199	79	12	55	72	6	2	8.156
㉕原（巨）	.283	124	441	125	22	2	34	254	94	11	42	70	10	7	8.132
㉖加藤博（洋）	.280	129	436	122	16	5	4	160	35	1	60	47	39	48	4.723
㉗高橋（広）	.276	130	533	147	10	2	24	233	68	8	89	57	11	73	5.471
㉘宇野（中）	.274	130	486	133	17	2	41	277	91	7	98	58	6	5	7.177
㉙山倉（巨）	.273	109	363	99	15	0	13	153	41	6	54	40	15	1	5.387
㉚若菜（洋）	.268	130	403	108	9	2	7	142	44	4	34	17	14	1	3.441
㉜平田（神）	.261	125	402	105	13	2	5	145	53	2	35	27	26	6	3.818
パ・リーグ個人打撃成績															
①落合（ロ）	.367	130	460	169	24	1	52	351	146	12	40	104	4	5	14.882
②デービス（近）	.343	128	472	162	22	0	40	304	109	12	50	59	3	1	10.177
③リー（ロ）	.328	115	451	148	21	1	28	255	94	10	53	54	5	1	8.665
④ブーマー（急）	.327	129	529	173	26	2	34	305	122	9	36	40	7	2	7.927
⑤クルーズ（日）	.321	107	427	137	17	2	19	215	70	4	32	32	5	0	6.855
㉛秋山（西）	.252	130	468	118	16	0	40	254	93	12	115	70	4	17	6.897

第 2 章 野球における数理モデル

表 2.2 セ・リーグ 10 傑と上位 3 球団 5 選手の OERA 値

'85 セ・リーグ OERA 10 傑	阪　神	広　島	巨　人
①バース(神) 11.579	①バース　11.579	①山本浩　8.156	①吉　村　9.626
②岡　田(神) 10.453	②岡　田　10.453	②山　崎　7.793	②　原　　8.132
③杉　浦(ヤ) 10.414	③掛　布　9.687	③衣　笠　6.555	③クロマティ　7.475
④掛　布(神) 9.687	④真　弓　8.790	④長　島　6.382	④中　畑　5.809
⑤吉　村(巨) 9.626	⑤佐　野　5.452	⑤高　橋　5.471	⑤篠　塚　5.767
⑥真　弓(神) 8.790			
⑦レオン(洋) 8.585			
⑧高木豊(洋) 8.258			
⑨山本浩(広) 8.156			
⑩　原　(巨) 8.132			

(iii) 打撃ベストテンに入っていなくても，掛布(阪神／9.687)，レオン(大洋／8.585)は長打力があるので，比較的高い OERA 値を示す．

(iv) 打撃ベストテンに入っていても篠塚(巨人／5.767)，八重樫(ヤクルト／6.660)は長打力がないので比較的低い OERA 値を示す．

表 2.3 セ・パ両リーグのチーム OERA 値

セ・リーグチーム打撃成績											
	打率	打数	安打	二塁打	三塁打	本塁打	塁打	打点	三振	四死球	犠打	盗塁	OERA
阪　　神	.285	4414	1258	190	16	219	2137	708	624	508	174	60	6.425
広　　島	.271	4321	1171	142	17	160	1827	593	737	535	168	178	5.507
巨　　人	.279	4380	1221	217	11	157	1931	589	651	472	156	87	5.707
大　　洋	.267	4361	1166	185	22	132	1791	561	754	467	138	188	5.064
中　　日	.265	4370	1159	178	23	136	1791	516	684	447	125	80	4.946
ヤクルト	.264	4370	1155	185	13	143	1795	521	703	416	137	29	4.867
パ・リーグチーム打撃成績											
	打率	打数	安打	二塁打	三塁打	本塁打	塁打	打点	三振	四死球	犠打	盗塁	OERA
西　　武	.272	4302	1168	188	26	155	1873	625	570	563	142	93	5.779
ロッテ	.287	4455	1279	189	21	168	2014	695	510	456	153	98	5.894
近　　鉄	.272	4374	1189	195	18	212	2056	654	690	479	109	71	5.891
阪　　急	.274	4376	1197	186	21	197	2016	719	649	578	141	156	6.154
日本ハム	.265	4370	1158	174	15	169	1869	606	579	505	143	51	5.352
南　　海	.260	4361	1133	196	19	149	1814	573	666	484	113	91	5.061

2.4 2000年度の計算例

次に，1985年セ・パ両リーグOERA値を表2.3に示す．12球団中，OERA値最高は，日本一の阪神(6.425)であり，2位は阪急(6.154)である．パ・リーグの優勝チームの西武は，OERA値が中くらいである．12球団最低は，ヤクルト(4.867)であり，チームの不振ぶりを証明している．一方，本塁打数でも阪神がトップであり，最低は大洋である．

全体としていえることは，打撃において阪神がずば抜けてトップであり，OERA値6.425はおそらく史上最高値であるということである．

2.4 2000年度の計算例

Q 2-4 夢のON対決のシーズン結果は？

2000年度のプロ野球は日本シリーズON(王・長嶋)対決で終止符を打った．そして，投打でまさる長嶋巨人軍が日本一を制した．特にこの年，巨人はFAでダイエーの工藤，広島の江藤を獲得し，投打に厚みを増した．打線は，松井を中心に江藤・高橋由・マルティネス・清原という重量打線をほこり，投手陣は，工藤を中心に，メイ，高橋尚，上原の強力先発陣を擁していた．

一方，ダイエーは，2年連続の日本シリーズ進出であった．打線は松中を中心に，城島・柴原・小久保・秋山の打線をほこり，投手陣は，先発ラジオ・若田部・永井と中継陣・抑え陣のバランスよい布陣であった．

20世紀最後の年にふさわしい両監督(巨人長嶋・ダイエー王)の登場に日本シリーズは沸いた．結果は，上述したように長嶋巨人軍の勝利に終わったが，夢のON対決は野球ファンを魅了した．A 2-2 にも列記したが，歴代の大打者(長嶋・王)としてすばらしいOERA値を残し，20世紀のプロ野球の牽引者としての2人の功績は筆舌につくせないものがある．この2人が管理者(監督)として日本シリーズで雌雄を決したのであった．

ところで，最優秀選手は，セ・リーグ松井(巨人)，パ・リーグ松中(ダイエー)であり，新人王は，セ・リーグ金城(横浜)，パ・リーグ該当者なしであった．

さて，このような20世紀最後のシーズンのセ・パ両リーグの打者のOERA値はどのようであったか？

A 2-4 OERAモデルの計算例として，2000年度のセ・パ両リーグの打撃成績を分析する．ただし，表2.4にセ・リーグ個人打撃成績を示し，表2.5にパ・リーグ個人打撃成績を示している．そして，これらのデータより，セ・パ両リーグ各選手のOERA値を計算した．この結果を表2.6，表2.7に示す．この結果から以下のことがわかる．

(i) 松井(巨)が両リーグ最高のOERA値(11.442)を示していることがわかる．続いて，イチロー(オ)(11.420)，オバンドー(日)(10.860)，ペタジーニ(ヤ)(10.469)となる．

表 2.4 セリーグ個人打撃成績

個人打撃成績（規定打席＝巨中418，横ヤ広神421）

	打率	試合数	打席数	打数	得点	安打	二塁打	三塁打	本塁打	塁打数	打点	長打率	三振	四球	死球	犠打	犠飛	盗塁	出塁率
❶金　　城（横）	.346	110	475	419	60	145	18	3	3	178	36	.425	58	37	2	17	0	8	.402
❷ロ　ー　ズ（横）	.332	135	589	506	71	168	31	5	21	272	97	.538	59	73	6	0	4	1	.419
❸松　　井（巨）	.3164	135	590	474	116	150	32	1	42	310	108	.654	108	106	2	0	7	5	.438
❹ペタジーニ（ヤ）	.3161	136	588	484	91	153	30	0	36	291	96	.601	116	97	4	0	3	7	.432
❺金　　本（広）	.315	136	588	496	96	156	20	2	30	270	90	.544	101	80	8	0	4	30	.415
❻山　　崎（広）	.311	118	473	427	55	133	29	3	18	222	68	.520	74	39	4	0	3	3	.372
❼立　　浪（中）	.303	126	503	436	58	132	30	3	9	195	58	.447	43	46	3	16	2	5	.372
❽石　井　琢（横）	.302	134	619	546	91	165	19	5	10	224	50	.410	83	61	4	5	3	35	.375
❾宮　　本（ヤ）	.300	136	536	476	39	143	24	4	3	184	55	.387	49	31	5	19	5	13	.346
❿仁　　志（巨）	.298	135	611	560	81	167	30	1	20	259	58	.463	89	41	3	4	3	11	.348
⑪鈴　木　尚（横）	.297	134	607	552	91	164	32	4	20	264	89	.478	85	43	6	0	6	6	.351
⑫高　橋　由（巨）	.2890	135	577	519	89	150	29	1	27	262	74	.505	87	46	6	3	3	5	.352
⑬ゴ　メ　ス（中）	.2886	122	509	440	59	127	19	1	25	223	79	.507	75	57	5	1	5	1	.373
⑭木　村　拓（広）	.288	136	620	572	74	165	34	2	10	233	30	.407	80	33	3	11	1	17	.330
⑮真　　中（ヤ）	.279	119	495	463	53	129	16	4	9	180	41	.389	33	23	2	6	1	5	.315
⑯古　　田（ヤ）	.2782	134	562	496	65	138	31	0	14	211	64	.425	54	45	11	6	4	5	.349
⑰新　　庄（神）	.2778	131	549	511	71	142	23	1	28	251	85	.491	93	32	1	3	2	15	.321
⑱岩　　村（ヤ）	.2775	130	489	436	67	121	13	9	18	206	66	.472	103	39	4	9	1	13	.342
⑲李　　　（中）	.275	113	465	414	58	114	26	2	8	168	37	.406	70	28	6	13	2	11	.332
⑳坪　　井（神）	.272	128	546	489	49	133	14	4	4	167	32	.342	83	38	12	4	3	6	.338
㉑清　　水（巨）	.271	115	431	388	65	105	25	1	11	165	46	.425	52	21	2	18	2	11	.310
㉒矢　　野（横）	.269	114	428	376	41	101	12	1	5	130	26	.346	87	35	4	9	4	1	.334
㉓東　　出（広）	.261	119	485	429	74	112	19	2	3	143	28	.333	87	29	2	22	3	17	.309
㉔関　　川（中）	.260	121	485	423	53	110	19	2	3	141	29	.337	72	46	3	13	4	2	.335
㉕佐　　伯（横）	.259	122	486	440	46	114	23	0	6	155	52	.352	69	41	3	1	1	2	.326
㉖江　　藤（巨）	.256	127	528	457	84	117	17	1	32	232	91	.508	92	58	3	4	6	0	.340
㉗谷　　繁（横）	.251	122	493	446	35	112	21	0	9	160	44	.359	91	41	2	1	1	0	.316
㉘タラスコ（神）	.239	102	422	380	40	91	13	1	19	163	57	.429	88	38	0	0	4	1	.306
㉙土　　橋（ヤ）	.225	115	421	365	34	82	17	0	1	102	27	.279	58	25	2	29	0	2	.278

2.4 2000年度の計算例

(ii) 打撃ベストテンに入っていなくても，中村(近)(8.294)，ウィルソン(日)(8.222)，片岡(日)(8.148)，ゴメス(中)(7.204)は長打力があるので，比較的高いOERA値を示す．

(iii) 打撃ベストテンに入っていても，宮本(ヤ)(4.987)，野口(日)(5.692)，仁志(巨)(5.952)，石井琢(横)(5.954)は長打力がないので比較的低いOERA値を示す．

(iv) 全体としてセ・パ両リーグでOERA値の差はあまりないといえる．

以上が2000年度のOERAモデルによる分析結果である．

表2.5 パリーグ個人打撃成績

	打率	試合数	打席数	打数	得点	安打	二塁打	三塁打	本塁打	塁打数	打点	長打率	三振	四球	死球	犠打	犠飛	盗塁	出塁率
❶イチロー(オ)	.387	105	459	395	73	153	22	1	12	213	73	.539	36	54	4	0	6	21	.460
❷オバンドー(日)	.332	107	466	385	79	128	15	2	30	237	101	.616	63	68	7	0	6	3	.436
❸小笠原(日)	.329	135	635	554	126	182	23	4	31	306	102	.552	91	74	2	0	5	24	.406
❹フェルナンデス(西)	.327	103	440	370	64	121	24	1	11	180	74	.486	47	58	5	0	7	2	.418
❺松井(西)	.322	135	611	550	99	177	40	11	23	308	90	.560	60	46	2	6	7	26	.372
❻松中(ダ)	.312	130	540	471	76	147	26	1	33	274	106	.582	49	56	6	0	7	0	.387
❼武藤(近)	.311	119	436	366	62	114	20	6	1	149	41	.407	31	46	6	15	3	20	.394
❽柴原(ダ)	.310	135	597	520	78	161	32	6	7	226	52	.435	91	58	4	13	2	10	.382
❾野口(日)	.298	134	510	459	54	137	31	11	9	217	76	.473	57	28	1	17	5	5	.337
❿ボーリック(ロ)	.2962	125	536	432	77	128	28	3	29	249	102	.576	91	96	3	0	5	3	.424
⑪福浦(ロ)	.2959	131	494	446	58	132	21	4	7	182	56	.408	59	34	4	6	4	1	.348
⑫ウィルソン(日)	.294	120	498	439	72	129	23	0	37	263	89	.599	98	51	6	0	2	0	.373
⑬吉岡(近)	.2903	115	481	434	58	126	27	4	18	215	65	.495	93	41	1	2	3	2	.351
⑭片岡(日)	.2901	135	621	510	92	148	32	2	21	247	97	.484	80	101	3	0	7	9	.406
⑮小久保(ダ)	.288	125	520	473	87	136	26	3	31	261	105	.552	85	31	10	0	6	5	.340
⑯谷(オ)	.284	134	584	529	78	150	26	3	9	209	75	.395	71	43	4	1	7	23	.338
⑰大島(オ)	.283	119	509	382	64	108	17	1	1	130	33	.340	46	90	0	35	2	1	.418
⑱田口(オ)	.279	129	578	509	77	142	26	3	8	198	49	.389	80	55	3	11	0	9	.353
⑲中村(近)	.277	127	564	476	82	132	26	0	39	275	110	.578	112	80	3	0	5	1	.381
⑳初芝(ロ)	.276	123	448	392	57	108	19	2	23	200	73	.510	61	50	4	0	2	1	.362
㉑ローズ(近)	.272	135	589	525	85	143	25	2	25	247	89	.470	134	58	2	0	4	6	.345
㉒井出(日)	.267	103	447	378	71	101	15	6	13	167	56	.442	71	50	1	15	3	14	.352
㉓秋山(ダ)	.2622	124	488	427	44	112	23	1	5	152	48	.356	63	49	2	6	4	2	.338
㉔塩崎(オ)	.2620	130	462	393	45	103	17	6	1	135	35	.344	69	41	4	20	4	5	.335
㉕中村(西)	.254	124	420	366	45	93	17	5	3	129	44	.352	38	24	1	25	4	7	.299
㉖水口(近)	.251	129	548	462	57	116	16	1	3	143	39	.310	54	59	1	20	6	1	.333
㉗アリアス(オ)	.250	116	461	412	66	103	21	0	26	202	61	.490	110	43	3	0	3	2	.323
㉘鈴木(西)	.249	119	443	386	36	96	17	0	6	131	52	.339	40	47	4	1	5	0	.333
㉙小坂(ロ)	.238	135	559	462	57	110	17	4	1	138	30	.299	69	69	0	23	5	33	.334
㉚金子(日)	.231	113	445	402	53	93	12	1	3	116	31	.289	40	26	2	15	0	12	.281

表2.6 セ・リーグ各打者の OERA 値

選手名	OERA 値
金 城 (横)	6.990
ロ ー ズ (横)	9.196
松 井 (巨)	11.442
ペタジーニ (ヤ)	10.469
金 本 (広)	9.046
山 崎 (中)	7.318
立 浪 (中)	6.456
石 井 琢 (横)	5.954
宮 本 (ヤ)	4.987
仁 志 (巨)	5.952
鈴 木 尚 (横)	6.239
高 橋 由 (巨)	6.568
ゴ メ ス (中)	7.204
木 村 拓 (広)	4.869
真 中 (ヤ)	4.209
古 田 (ヤ)	5.650
新 庄 (神)	5.625
岩 村 (ヤ)	5.691
李 (中)	4.940
坪 井 (神)	4.165
清 水 (巨)	4.717
矢 野 (神)	4.237
東 出 (広)	3.568
関 川 (中)	4.199
佐 伯 (横)	4.204
江 藤 (巨)	6.729
谷 繁 (横)	4.091
タラスコ (神)	4.726
土 橋 (ヤ)	2.564

表2.7 パ・リーグ各打者の OERA 値

選手名	OERA 値
イチロー (オ)	11.420
オバンドー (日)	10.860
小 笠 原 (日)	8.801
フェルナンデス (西)	8.785
松 井 (西)	7.732
松 中 (だ)	8.582
武 藤 (近)	6.629
柴 原 (ダ)	6.553
野 口 (日)	5.692
ボーリック (ロ)	9.830
福 浦 (ロ)	5.280
ウィルソン (日)	8.222
吉 岡 (近)	6.392
片 岡 (日)	8.148
小 久 保 (ダ)	6.800
谷 (オ)	4.951
大 島 (オ)	6.760
田 口 (オ)	5.167
中 村 (近)	8.294
初 芝 (ロ)	6.855
ロ ー ズ (近)	5.988
井 出 (日)	5.730
秋 山 (ダ)	4.559
塩 崎 (オ)	4.189
大 村 (近)	3.586
水 口 (近)	3.871
アリアス (オ)	5.777
鈴 木 (西)	4.280
小 坂 (ロ)	3.743
金 子 (日)	2.617

注) OERA ソフトの販売は,以下に示すようなものがある.
「OERA モデル」,大栄広告事業社,FAX:078-331-5210

2.5　日本シリーズの確率分析

Q 2-5　「神様・仏様・稲尾様」3連敗後4連勝する確率は？

日本シリーズにおいて3連敗したチームが4連勝する可能性はあるのか？この問題を確率・統計により分析してみよう．

ところで，過去にこの奇跡を演じたチームは日本シリーズの歴史のなかで，2度ある．1度目は，1958年の西鉄ライオンズであり，2度目は1989年の読売ジャイアンツである．1958年の西鉄ライオンズは三原監督のもと，対巨人戦において演じた奇跡であり，「神様・仏様・稲尾様」という名ゼリフを残した．1989年の読売ジャイアンツは藤田監督のもと，対近鉄戦において演じた奇跡であり，第3戦目の近鉄の加藤投手の失言「最下位のロッテのほうが強い」が話題をまいた．

さて，このような(3連敗した後の4連勝)確率はいくらぐらいか？

A 2-5　さて，上述の質問に答えるために簡単な確率の計算をしてみよう．例えば，あるチームが1試合に勝つ確率を p とすると，4連勝するためには，

$$f(p) = p^4$$

という確率に賭けなければならない．例えば，$p=1/2$ とすると(勝ち負けは5分5分とする)，

$$f(1/2) = \frac{1}{16} = 0.0625$$

となり，優勝する確率は6%強しかない．また，いままで3連敗もしたのであるから $p=1/3$ と仮定すると，

$$f(1/3) = \frac{1}{81} = 0.0123$$

となり，優勝する確率は1％強しかなく，絶望的となる．

そこで，普通の確率計算ではありえないことになり，マスコミが奇跡と騒ぐのであろう．しかし，冷静に考えてみると，明らかに第4戦以降，西鉄(1958年)・巨人(1989年)の勝つ確率 p が上昇したことは確実である．そこで，日本シリーズを制するための条件を確率的に整理してみることにする．

さて，あるチームが日本シリーズを制する場合は，以下に示す4つのケースがある．

(i) **第4戦目で日本一になる場合**

　　　○○○○

これは4戦全勝の場合であり，あるチームが1試合に勝つ確率を p とすると，この場合の確率 $E_1(p)$ は，

$$E_1(p) = p^4$$

となる．

(ii) **第5戦目で日本一になる場合**

　　　4試合のうち3試合に○，5戦目○

これは4勝1敗の場合であり，第5戦目は必ず勝ち，第4戦目までの4試合のうちで3試合に勝てばよい．したがって，この場合の確率 $E_2(p)$ は，

$$E_2(p) = {}_4C_3 p^3(1-p)p$$
$$= 4p^4(1-p)$$

となる．ただし，${}_4C_3$ は**組合せの数**であり，

$$ {}_4C_3 = \frac{4!}{3!} = 4 $$

となる．

(iii) **第6戦目で日本一になる場合**

　　　5試合のうち3試合に○，6戦目○

これは4勝2敗の場合であり，第6戦目は必ず勝ち，第5戦目までの5試

合のうちで3試合に勝てばよい．したがって，この場合の確率 $E_3(p)$ は，

$$E_3(p) = {}_5C_3 p^3(1-p)^2 p$$
$$= 10p^4(1-p)^2$$

となる．

(ⅳ) **第7戦目で日本一になる場合**

　　6試合のうち3試合に○，7戦目○

　これは4勝3敗の場合であり，第7戦目は必ず勝ち，第6戦目までの6試合のうちで3試合に勝てばよい．したがって，この場合の確率 $E_4(p)$ は，

$$E_4(p) = {}_6C_3 p^3(1-p)^3 p$$
$$= 20p^4(1-p)^3$$

となる．

　以上，(ⅰ)～(ⅳ)が優勝するケースで，日本シリーズを制する確率は，これら4つのケースの確率を加えたものになる．

　すなわち，あるチームが日本一になる確率 $E(p)$ は，

$$E(p) = E_1(p) + E_2(p) + E_3(p) + E_4(p)$$
$$= p^4 + 4p^4(1-p) + 10p^4(1-p)^2 + 20p^4(1-p)^3$$
$$= p^4\{1 + 4(1-p) + 10(1-p)^2 + 20(1-p)^3\}$$

となる．

　ここで，$1-p=q$（1試合における相手チームの勝つ確率）とすると，

$$E(p) = p^4(1 + 4q + 10q^2 + 20q^3)$$

となる．一方，相手チームが日本一を制する確率 $E(q)$ は，同様にして，

$$E(q) = q^4(1 + 4p + 10p^2 + 20p^3)$$

となる．

また当然であるが,

$$E(p)+E(q)=1$$

となる.

例えば, $p=q=1/2$ として, $E(p)$, $E(q)$ を計算すると,

$$E(p)=E(q)=1/2$$

となる.この結果は当然であるが, $p=2/3$, $q=1/3$(チーム力が2対1のとき)として, $E(p)$, $E(q)$ を計算すると,

$$E(p) \doteqdot 0.827$$
$$E(q) \doteqdot 0.173$$

となる.すなわち,チーム力が2対1のときは,日本一を制する確率は4.8対1となり,チーム力の比よりも日本一を制する比率が大きくなることがわかる.以上,日本シリーズの勝負を確率・統計的に整理した

第 3 章 ゲームにおける数理モデル

　本章では，ゲームにおける数理モデルとして，フォンノイマンとモルゲンステルンによって確立されたゲームの理論について説明する．すなわち，ミニマックスの原理，ノンゼロサムの戦略(囚人のジレンマ)など，具体的な政策を中心に記述する．

3.1 ゲームの理論とは

Q 3-1　フォンノイマンの仕掛けた罠とは？

　80年近くも前のことになろうか，ビッグ・マンがこの国にやってきて，革命を起こした．当初は，国民全員が幸せになれると信じ，強制的な労働にも積極的に参加した．しかし，しだいに国民の間に不信感がつのってきた．というのも，革命により追放した皇帝に代わり，ビッグ・マンが絶対的な権力をにぎり，他の多くの国民はロボットのように使われていたからである．特に，思想統制・言論統制はきびしく，ビッグ・マンの主張と異なる意見を述べると，収容所に入れられた．また，ビッグ・ズームがいたるところに配置されていて，市民の行動を監視していた．

　このような状況下で事件は起こった．「言論統制」に異常なまでの執念を燃やす秘密機関ビッグ・ユーゲントは，ついに，政府の高官であるヒムラーとケッペルスを捕えてしまった．というのは，2人が反ビッグ・マン思想について密

談を重ねていたという疑いがあったからである．ビッグ・ユージェントのエージェントは，ビッグ・ズームにおさまっている秘密の会議室での2人の様子を見ながら，得意気であった．

早速，2人の取調べを別々の場所で行うことにした．そして，ヒムラーとケッペルスの両人が，どのような証言をするかによって，次のようなペナルティーを科すとおどした．

① 2人とも真実を（反ビッグ・マン思想に関する密談）を告白すれば，双方を1年間の謹慎処分とする．
② 2人とも黙秘して証言しなかったら，1ヵ月の謹慎処分とする．（ビッグ・ユージェントは，2人の密談の内容まではキャッチしていなかった）．
③ 1人が真実を証言したのに，他方が告白しなかった場合，証言した方は処分なしだが，証言しなかった方は政界から永久追放する．

さて，ヒムラーとケッペルスの2人は，ビッグ・ユージェントの厳しい質問攻めに，どう答えるだろうか？　なお，当然のことながら，この2人は，もう一方がどう答えたかは知ることができないものとする．

A 3-1　この例話は，有名な「ゲームの理論」のなかのミニマックスの原理を逆用したもので，元型は**「囚人のジレンマ」**と呼ばれるパラドキシカルな問題である．

ところで，**ゲームの理論**とは，フォンノイマンとモルゲンステルンによって提唱された考えであり，経済現象における競争原理や，戦争・軍事面に適用され，さらに，行動科学や意思決定科学にも大いに貢献している．

例えば，2つの国が戦争をしているとか，会社間で競争をしている場合，双方がとる戦術には，いくつかの選択の余地があることが多い．そんな場合，双方とも自分が受けるであろう損失が最小になるような方法を選ぶものだという理論である．

例として表3.1を見ていただこう．これは，A・B，2つの会社が競争して

3.1 ゲームの理論とは

表 3.1 A 社の B 社に対する損得表

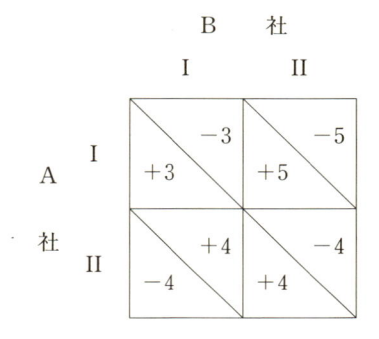

	B 社 I	B 社 II
A 社 I	−3 / +3	−5 / +5
A 社 II	+4 / −4	−4 / +4

いるものとして，A 社サイドから見た損得表である．つまり，A・B 両社ともI，II という 2 つの戦術をとる道がある場合，A 社は I を選んだとする．すると，もし B 社が同じ I の戦術をとったとき，A 社はプラス 3 の利得で，B 社はマイナス 3 の損失となる．また A 社が同様に I の戦術を選択したのに対して B 社が II の戦術を選んだ場合，A 社はプラス 5，B 社はマイナス 5 となる．

そこで，A 社が II の戦術をとったときはどうなるか．この場合，もし B 社が I の戦術でくれば A 社はマイナス 4，B 社は逆にプラス 4 となり，B 社が II の戦術をとれば A 社はプラス 4，B 社はマイナス 4 となる．

ここで A 社として最も望ましいのは，自社が I の戦術をとったときに，B 社が II を選んでくれることであろう．A 社の利得が最大になるからである．しかし，一方の B 社とて，むざむざこの戦術はとらない．なぜなら，A 社が I，IIのどちらを選んでも，B 社はマイナス 5，マイナス 4 にしかならないからだ．

そうなってくると，B 社は必ず I の戦術を選ぶであろう．そうすると，A 社のとるべき戦術もただ 1 つ，I しかありえない．ここではじめて，A 社はプラス 3，B 社はマイナス 3 の得失で納得，ということになる．

これが**ゲームの理論**における**ミニマックスの原理**の一例である．そして，ここでは，どの戦術を選択するかを考えるさいに，双方とも相手を信用もしていないし，あくまで利己主義に徹するという原則がつらぬかれている．その結果として全体がうまくいくという，完全自由競争＝資本主義の論理が前提になっ

ている．間違っても，相手のためを思って何かをする，などということはありえない．

ミニマックスの原理は，いわばこういう自己中心主義的発想から生まれたものである．それは当たり前の話で，戦争や資本主義競争で利他主義に走ると，敗者になるのは火を見るよりも明らかである．

さて，この理論を人間の信用問題（ヒムラーとケッペルスの密談も，お互いに信用し合わなければ成り立たない）にあてはめてみると，どのようになるであろうか．そこがこの問題のカギである．はたして，ヒムラーとケッペルスの2人は利己主義的に振る舞えばよい結果が得られるであろうか．

ところで，前述のような状況に置かれた2人は，お互いに次のように悩むであろう（表3.2）．

表3.2 2人の置かれた状況

	ヒムラー	
	告白する	告白しない
ケッペルス 告白する	1年間の謹慎処分 / 1年間の謹慎処分	政界から永久追放 / 処分なし
ケッペルス 告白しない	処分なし / 政界から永久追放	1ヵ月の謹慎処分 / 1ヵ月の謹慎処分

1. 相手がもし事実を告白すれば，自分も告白しなければならない．なぜなら，相手が告白しているのに自分が知らんふりを決めこんだ場合，政界から永久追放という最悪のシナリオになってしまう．
2. もし相手が事実を告白しないとする．すると自分は事実を告白すれば，処分なしで救われる．
3. したがって，どっちにころんでも，自分は事実を告白すればよい．しかし，もし相手も自分と同じことを考えて事実を告白してしまえば，いやで

も1年間の謹慎処分になる．政界から永久追放よりはましだが，1年間も引っこんだままでは，政治家としては打撃が大きすぎる．

④ もし，相手もこちらの考え方を察知してくれれば，2人とも事実を否認して，両方が1ヵ月の謹慎処分ですむ．これくらいなら，過去のこの国の政治家の例からみて，まあまあではないか．

ここに，2人の政治家の悩みがある，つまり，自分だけが「いい子」になればよい，という考えで2人が取り調べに望めば，2人とも事実を証言して，1年間の謹慎処分という打撃をうける．ところが，自分は政界から永久追放になっても，相手が処分なしであってくれれば，と思う利他主義に徹して否認すれば，両方とも1ヵ月の謹慎処分ですみ，めでたしめでたしとなる．

こうして，ミニマックスの原理で考えると，戦争や企業の競争においては利他主義や隣人愛が致命傷となるのに，このような問題(人間の友情)では逆の場合も出てくることになる．

実際，ヒムラーとケッペルスの友情はかたく，隣人愛に徹したおかげで，2人とも1ヵ月の謹慎処分ですんだ．そして謹慎処分が解けたのち，2人はこの国における2回目の革命に成功した．すなわち，ビッグ・マンを追放し，ビッグ・ズームを廃棄し，ビッグ・ユーゲントを解体したのである．しかし，2人の仕事はこれからが大変であり，いつまでもこの友情(隣人愛)を大切にしていく必要がある．

いつ，第2のビッグ・マンが現われるともかぎらないのだから．

3.2 2人ゼロ和ゲーム

Q 3-2 ゼロサム社会とは？

A 3-1 の前半で説明された2人ゲームについて，一般的に論じていただきたい．特に2人の参加者の利得の合計がゼロになる場合(ゼロサム社会)につい

ては，現在の金融経済社会のモデル化であると思われる．

A 3-2 ゲームに参加するプレイヤーの数は2人であり，それぞれ P_1, P_2 とする．また**ゼロ和ゲーム**であるから，各戦略における P_1, P_2 の利得の合計はゼロになる．表3.3を参照すると，P_1 が戦略I，P_2 も戦略I を選択したときには結果として利得が1となる．これは，プレイヤー P_1 が利得 +1を得，プレイヤー P_2 が-1を得ることを表わしている．また，お互いに戦略 II を選択したときには利得が2となる．これは，P_1 が+2を得，P_2 が-2を得ることを表わしている．

表3.3　2人の利得表

P_1 \ P_2	I	II	min
I	①	3	1
II	-2	2	-2
max	1	3	

そこで，プレイヤー P_1, P_2 の心理を数学的に記述すると次のようになる．まず P_1 は，利益最大を図る者として，ある戦略を選択したときの利益の最小を考え，その最小利益が最大になるように戦略を決定する．表3.3の例を見ると，

戦略I：　min (1, 3)=1
戦略II：　min (-2, 2)=-2

となり，その中の最大値は1であり，戦略Iを選択する．

一方，P_2 は，損失最小を図る者として，ある戦略を選択したときの損失の最大を考え，その最大損失が最小になるように戦略を決定する．表3.3の例を見ると，

3.2 2人ゼロ和ゲーム

戦略 I ： max $(1, -2) = 1$
戦略 II： max $(3, 2) = 3$

となり，その中の最小値は1であり，戦略Iを選択する．

したがって，このゲームの解は，プレイヤー P_1 が戦略Iを，プレイヤー P_2 も戦略Iを選択し，そのときの利得値は1となる．すなわち P_1 が1だけ利得し，P_2 は1だけ損失する．また，このゲームのように解が決定するとき，これをクローズドゲームという．

さて，次にこれまで述べてきた**2人ゼロ和ゲーム**に関して詳しく数学的に記述する．プレイヤー P_1, P_2 の戦略集合 Ω_1, Ω_2 を

P_1 ： $\Omega_1 = \{ i \mid i = 1, 2, \cdots, m \}$
P_2 ： $\Omega_2 = \{ j \mid j = 1, 2, \cdots, n \}$

として，P_1, P_2 の**利得関数**を次のように表わす．

P_1 ： $f_1 = f_1(i, j)$
P_2 ： $f_2 = f_2(i, j)$

2人ゼロ和ゲームであるから，

$$f_1(i, j) + f_2(i, j) = 0$$

となる．したがって，

$$f_1(i, j) = -f_2(i, j) = a_{ij}$$

と定め，この a_{ij} を**ペイオフ(利得)行列**と呼ぶ．

$$a_{ij} = \begin{bmatrix} a_{11} & a_{12} & \cdots & a_{1j} & a_{1n} \\ a_{21} & a_{22} & \cdots & a_{2j} & a_{2n} \\ \multicolumn{5}{c}{\cdots\cdots\cdots\cdots\cdots} \\ a_{i1} & a_{i2} & \cdots & a_{ij} & a_{in} \\ \multicolumn{5}{c}{\cdots\cdots\cdots\cdots\cdots} \\ a_{m1} & a_{m2} & \cdots & a_{mj} & a_{mn} \end{bmatrix}$$

このペイオフ行列 a_{ij} にそって，プレイヤー P_1, P_2 は次のように考えるのである．まず P_1 は，利得最大を図る者として，ある戦略を選択したときの利益の最小を考え，その最小利益が最大となるように戦略を決定する．ペイオフ行列より，

$$\text{戦略 } 1: \quad \min(a_{11}, \; a_{12}, \; \cdots, \; a_{1n}) = \min_j a_{1j}$$

$$\text{戦略 } 2: \quad \min(a_{21}, \; a_{22}, \; \cdots, \; a_{2n}) = \min_j a_{2j}$$

$$\cdots\cdots\cdots\cdots\cdots\cdots\cdots\cdots\cdots\cdots$$

$$\text{戦略 } m: \quad \min(a_{m1}, \; a_{m2}, \; \cdots, \; a_{mn}) = \min_j a_{mj}$$

となる．

したがって，P_1 はその中の最大値を選ぶから，

$$\max_i (\min_j a_{1j}, \; \min_j a_{2j}, \; \cdots, \; \min_j a_{mj}) = \max_i \min_j a_{ij} = v_1$$

となる．

一方，P_2 は損失最小を図る者として，ある戦略を選択したときの損失の最大を考え，その最大損失が最小になるように戦略を決定する．ペイオフ行列により，

$$\text{戦略 } 1: \quad \max(a_{11}, \; a_{21}, \; \cdots, \; a_{m1}) = \max_i a_{i1}$$

$$\text{戦略 } 2: \quad \max(a_{12}, \; a_{22}, \; \cdots, \; a_{m2}) = \max_i a_{i2}$$

$$\cdots\cdots\cdots\cdots\cdots\cdots\cdots\cdots\cdots\cdots$$

$$\text{戦略 } n: \quad \max(a_{1n}, \; a_{2n}, \; \cdots, \; a_{mn}) = \max_i a_{in}$$

となる．

したがって，P_2 はその中の最小値を選ぶから，

$$\min_j (\max_i a_{i1}, \; \max_i a_{i2}, \; \cdots, \; \max_i a_{in}) = \min_j \max_i a_{ij} = v_2$$

3.2　2人ゼロ和ゲーム

となる．

こうして，前述した v_1 と v_2 が等しいとき，すなわち，

$$\max_i \min_j a_{ij} = \min_j \max_i a_{ij} = v$$

のときゲームが決定する．

一方，表 3.4 に示すペイオフ行列が与えられたとき，このゲームを解くと次のようになる．

表 3.4　2 人のペイオフ行列

P_1 \ P_2	1	2	3	min
1	0	-5	-5	-5
2	5	-3	-5	-5
3	-5	5	5	-5
max	5	5	5	

プレイヤー P_1 に関して，前述した考え方をあてはめると，

$$\max_i \min_j a_{ij} = -5$$

となる．次に，プレイヤー P_2 に関して，前述した考え方をあてはめると，

$$\min_j \max_i a_{ij} = 5$$

となり，この例において，

$$\max_i \min_j a_{ij} \neq \min_j \max_i a_{ij}$$

となるので，解が決定しない．こういったゲームを**オープンゲーム**と呼ぶ．ところで，A 3-1 で紹介した「囚人のジレンマ」の例は，**非ゼロサム型ゲーム**といえる．

3.3 ミニマックスの原理

Q 3-3 利益最大・損失最小とは？

A 3-1, A 3-2 で説明したゲームの理論におけるミニマックスの原理について詳しく説明してください．この原理は人間行動の原点を示していると思われる．

A 3-3 A 3-2 で説明した2人ゼロ和ゲームにおいて，プレイヤー P_1 は保証水準 $\min_j a_{ij}$ を最大にし，プレイヤー P_2 は保証水準 $\max_j a_{ij}$ を最小にするような戦略を選択し，ゲームの解が定まった．このような行動の原理を**ミニマックスの原理**という．

とくに，P_1, P_2 のミニマックスの値が一致して $v_1 = v_2$ となるような利得行列 (a_{ij}) をもつゲームを，厳密に決定されるゲーム，または閉じたゲーム（**クローズドゲーム**）という．このときの値 $v = v_1 = v_2 = a_{i_0 j_0}$ をゲームの純粋値という．このような純粋値に導くような**ミニマックス戦略** i_0, j_0 をそれぞれ P_1, P_2 の**最適戦略**という．

ゲームの値とその最適戦略を求めることを「ゲームを解く」といい，そのときのゲームの値と最適戦略の組 (v, i_0, j_0) をゲームの**均衡解**という．また，このとき，利得行列 a_{ij} は**鞍点**をもつという．

次に，ミニマックスの原理に関する2つの定理を紹介する．

定理1

一般的に，プレイヤー P_1 の保証水準 $\min_j a_{ij}$ の最大値は，プレイヤー P_2 の保証水準 $\max_i a_{ij}$ の最小値より，その値が小さい．すなわち，

$$\max_i \min_j a_{ij} \leq \min_j \max_i a_{ij}$$

が成立する．

3.3 ミニマックスの原理

〔証明〕

a_{ij} は利得行列だから，一般的に

$$\min_j a_{ij} \leqq a_{ij} \leqq \max_i a_{ij}$$

が成立する．ところで，

$$\min_j a_{ij} \leqq \min_j \max_i a_{ij}$$

であるから，

$$\max_i \min_j a_{ij} \leqq \min_j \max_i a_{ij}$$

が成立する．

定理2

利得行列 a_{ij} において，$\max_i \min_j a_{ij} = \min_j \max_i a_{ij}$ が成立するための必要十分条件は，行列 a_{ij} が鞍点をもつことである．一方，行列 a_{ij} の鞍点を (i_0, j_0) とすれば，

$$a_{i_0 j_0} = \max_i \min_j a_{ij} = \min_j \max_i a_{ij}$$

が成立する．

〔証明〕

[1] **必要条件**

行列 a_{ij} における任意の点を (i_0, j_0) とする．この点において，

$$\max_i \min_j a_{ij} = \min_j \max_i a_{ij} = a_{i_0 j_0}$$

が成立するとき，点 (i_0, j_0) が鞍点であることを証明する．

このとき，

$$a_{i_0 j_0} = \max_i \min_j a_{ij} = \min_j a_{i_0 j}$$

$$a_{i_0 j_0} = \min_j \max_i a_{ij} = \max_i a_{i j_0}$$

であるから，

$$\min_j a_{i_0 j} = \max_i a_{i j_0}$$

が成り立つ．

一方，最小の定義から，

$$\min_j a_{ij} \leqq a_{i_0 j_0}$$

であるから，

$$\max_i a_{i j_0} \leqq a_{i_0 j_0}$$

$$\therefore \quad a_{i j_0} \leqq a_{i_0 j_0}$$

となる．

同様に最大の定義より，

$$a_{i_0 j_0} \leqq \max_i a_{ij}$$

であるから，

$$a_{i_0 j_0} \leqq \min_j a_{i_0 j}$$

$$\therefore \quad a_{i_0 j_0} \leqq a_{i_0 j}$$

となる．

したがって，$a_{i j_0} \leqq a_{i_0 j_0}$, $a_{i_0 j_0} \leqq a_{i_0 j}$ より，

$$a_{i j_0} \leqq a_{i_0 j_0} \leqq a_{i_0 j}$$

となり，点 (i_0, j_0) は鞍点であることがわかる．

[2] 十分条件

点 (i_0, j_0) が行列 a_{ij} の鞍点であるとすると，

$$a_{ij_0} \leqq a_{i_0 j_0} \quad \therefore \quad \max_i a_{ij_0} \leqq a_{i_0 j_0}$$

$$a_{i_0 j_0} \leqq a_{i_0 j} \quad \therefore \quad a_{i_0 j_0} \leqq \min_j a_{i_0 j}$$

となる．したがって，

$$\max_i a_{ij_0} \leqq a_{i_0 j_0} \leqq \min_j a_{i_0 j}$$

となる．しかるに，

$$\min_j \max_i a_{ij} \leqq \max_i a_{ij_0}$$

および，

$$\min_j a_{i_0 j} \leqq \max_i \min_j a_{ij}$$

が成立する．したがって上式より，

$$\min_j \max_i a_{ij} \leqq a_{i_0 j_0} \leqq \max_i \min_j a_{ij}$$

となる．

一方，定理1より，

$$\max_i \min_j a_{ij} \leqq \min_j \max_i a_{ij}$$

であるから，上2式より，

$$a_{i_0 j_0} = \max_i \min_j a_{ij} = \min_j \max_i a_{ij}$$

が成立する．

ただし，ミニマックスの原理のフローチャートは，図3.1に示すとおりである．

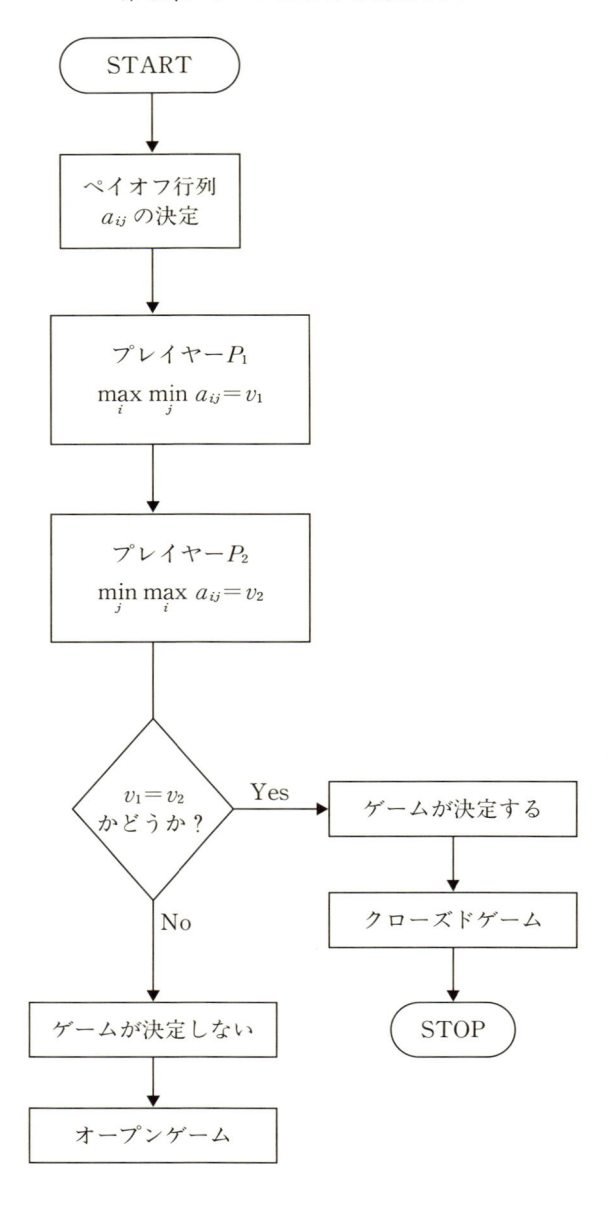

```
         START
           ↓
    ┌──────────────┐
    │ ペイオフ行列 │
    │  $a_{ij}$ の決定 │
    └──────────────┘
           ↓
    ┌──────────────────┐
    │ プレイヤー$P_1$  │
    │ $\max_i \min_j a_{ij} = v_1$ │
    └──────────────────┘
           ↓
    ┌──────────────────┐
    │ プレイヤー$P_2$  │
    │ $\min_j \max_i a_{ij} = v_2$ │
    └──────────────────┘
           ↓
       ╱ $v_1 = v_2$ ╲  Yes → ┌──────────────┐
       ╲ かどうか？ ╱         │ ゲームが決定する │
           ↓ No               └──────────────┘
    ┌──────────────┐                 ↓
    │ゲームが決定しない│           ┌──────────────┐
    └──────────────┘               │ クローズドゲーム │
           ↓                       └──────────────┘
    ┌──────────────┐                 ↓
    │ オープンゲーム │                STOP
    └──────────────┘
```

図3.1 ミニマックスの原理のフローチャート

3.4 ゲームの理論におけるジレンマ

Q 3-4　社会的公正とジレンマとは？

A 3-1 において，ゲームの理論のジレンマ（囚人のジレンマ）が紹介されたが，「囚人のジレンマ」以外のジレンマの型はあるのだろうか？ ゲームの理論におけるジレンマこそ，現代社会の問題を解く１つのキーワードになると思われる．

A 3-4

ゲームの理論における**ジレンマの型**は，A 3-1 において紹介した「囚人のジレンマ」以外に，３つの型がある．それらは，**弱者ゲーム（J ジレンマゲーム）**，**リーダーゲーム（L ジレンマゲーム）**，**夫婦ゲーム（W ジレンマゲーム）**と呼ばれている．以下，それらの３つのジレンマゲームを順をおって紹介する．ただし，いずれのゲームも Q 3-1 で取り上げた例と同じ具体例を使って説明する．

[1]　**J ジレンマゲーム**

さて，この型のゲームにおいては，ヒムラー，ケッペルス両人の利得は，次のように整理される（表 3.5 参照）．
 （ⅰ）　両人とも内容を告白すれば，両人とも政界から永久追放される．
 （ⅱ）　両人とも内容を告白しなければ，両人とも１ヵ月の謹慎処分となる．
 （ⅲ）　どちらか１人が内容を告白しないのにもう一方の１人が告白した場合，告白しなかった方は１年間の謹慎処分になるが，告白した方は処分なしとなる．

さて，ヒムラー，ケッペルス両人は，どのような戦略を立てるであろうか？
ところで，この状況に置かれた両人は，次のように悩むであろう．
 （ⅰ）　相手がもし告白するとすれば，自分は告白を避けなければならない．なぜなら，この場合，１年間の謹慎処分ですむが，相手が告白しているの

表 3.5 J ジレンマ

		ヒムラー	
		告白する	告白しない
ケッペルス	告白する	永久追放 / 永久追放	1年間の謹慎処分 / 処分なし
	告白しない	処分なし / 1年間の謹慎処分	1ヵ月の謹慎処分 / 1ヵ月の謹慎処分

に自分も告白すれば，政界からの永久追放という事態になってしまう．
(ii) もし，相手が告白しないとする．すると，自分は告白すれば，処分なしとなり救われる．
(iii) したがって，相手が告白する場合と告白しない場合において，戦略が異なってくる．
(iv) しかし，相手が告白しようがしまいが，自分は告白しなければ「1年間の謹慎処分」という最低水準は確保される．すなわち，永久追放は回避できる．したがって，相手もこの考えを察知すれば，双方とも告白しなくて，「1ヵ月の謹慎処分」が約束される．
(v) このとき，もし片方が裏切った場合，裏切った方が処分なしとなる．しかし，双方とも裏切った場合，両人とも永久追放となる．ここに，両人のジレンマが発生する．それゆえ，このゲームは弱者(Jakusha)ゲームと呼ばれる．

[2] L ジレンマゲーム

さて，この型のゲームにおいては，ヒムラー，ケッペルス両人の利得は，次のように整理される(表 3.6 参照)．

3.4 ゲームの理論におけるジレンマ

表 3.6 L ジレンマ

		ヒムラー	
		告白する	告白しない
ケッペルス	告白する	永久追放 / 永久追放	1ヵ月の謹慎処分 / 処分なし
	告白しない	処分なし / 1ヵ月の謹慎処分	1年間の謹慎処分 / 1年間の謹慎処分

（ⅰ）両人とも内容を告白すれば，両人とも政界から永久追放される．

（ⅱ）両人とも内容を告白しなければ，両人とも1年間の謹慎処分となる．

（ⅲ）どちらか1人が内容を告白しないのにもう一方の1人が告白した場合，告白しなかった方は1ヵ月の謹慎処分になるが，告白した方は処分なしとなる．

さて，ヒムラー，ケッペルス両人は，どのような戦略を立てるであろうか？ところで，この状況に置かれた両人は，次のように悩むであろう．

（ⅰ）相手がもし告白するとすれば，自分は告白を避けなければならない．なぜなら，この場合，1ヵ月の謹慎処分ですむが，相手が告白しているのに自分も告白すれば，政界からの永久追放という事態になってしまう．

（ⅱ）もし，相手が告白しないとする．すると，自分は告白すれば，処分なしとなり救われる．

（ⅲ）したがって，相手が告白する場合と告白しない場合において，戦略が異なってくる．

（ⅳ）しかし，相手が告白しようがしまいが，自分は告白しなければ「1年間の謹慎処分」という最低水準は保証される．すなわち，永久追放は回避できる．したがって，相手もこの考えを察知すれば，双方とも告白しなくて，「1年間の謹慎処分」が約束される．

(v) ところで，表3.6をよく見ると，このゲームにおいては，双方の戦略が異なった場合，同じ戦略の場合より，すべてよい状態が保証される．しかも，告白した人(主)が告白しない人(従)より1レベルよい状態となる．したがって，リーダーの人が告白すれば他方の1人は，告白しなければよいことになる．それゆえ，このゲームは**リーダー(Leader)ゲーム**と呼ばれる．

[3] Wジレンマゲーム

さて，この型のゲームにおいては，ヒムラー，ケッペルス両人の利得は，次のように整理される(表3.7参照)．

表3.7 Wジレンマ

		ヒムラー	
		告白する	告白しない
ケッペルス	告白する	永久追放 / 永久追放	処分なし / 1ヵ月の謹慎処分
	告白しない	1ヵ月の謹慎処分 / 処分なし	1年間の謹慎処分 / 1年間の謹慎処分

(i) 両人とも内容を告白すれば，両人とも政界から永久追放される．

(ii) 両人とも内容を告白しなければ，両人とも1年間の謹慎処分となる．

以上，(i)，(ii)は，Lジレンマゲームと同じである．

(iii) どちらか1人が内容を告白しないのにもう一方の1人が告白した場合，告白しなかった方は処分なしになるが，告白した方は1ヵ月の謹慎処分となる．

さて，ヒムラー，ケッペルス両人は，どのような戦略を立てるであろうか？ところで，この状況に置かれた両人は，次のように悩むであろう．

(ⅰ) 相手がもし告白するとすれば，自分は告白を避けなければならない．なぜなら，この場合，処分なしとなるが，相手が告白しているのに自分も告白すれば，政界から永久追放という事態になってしまう．

(ⅱ) もし，相手が告白しないとする．すると，自分は告白すれば，1ヵ月の謹慎処分となり一応救われる．

(ⅲ) したがって，相手が告白する場合と告白しない場合において，戦略が異なってくる．

(ⅳ) しかし，相手が告白しようがしまいが，自分は告白しなければ「1年間の謹慎処分」という最低水準は保証される．すなわち，永久追放は回避できる．したがって，相手もこの考えを察知すれば，双方とも告白しなくて，「1年間の謹慎処分」が約束される．

(ⅴ) ところで，表3.7をよく見ると，このゲームにおいては，双方の戦略が異なった場合，同じ戦略の場合より，すべてよい状態が保証される．しかも告白した人(主人)より告白しない人(奥さん)のほうが1レベルよい状態となる．したがって，主人が告白すれば，従属の人(奥さん)は告白しなければ，最高の状態が約束されることになる．それゆえ，このゲームは**夫婦(Wジレンマ)ゲーム**と呼ばれる．

第 4 章　決断のための数理モデル

　本章では，決断のための数理モデルとして，意思決定基準(ラプラスの基準，マキシミンの基準，フルビッツの基準，ミニマックスの基準)，セントペテルスブルグの逆説，効用関数(期待値と期待効用，効用関数と主観確率の関係)などについて説明する．

4.1　意思決定基準

Q 4-1　森下総理の決断は？

　森下総理は，やっと念願の政界トップの座に登りつめた．思い返せば，政権政党の幹事長になったときには，ここまでかなと本人が思っていた．しかし，前総理の急病による退陣というアクシデントにより，民政党(政権党)4人組の指名を受け，思いもよらず総理になるハメになった．天の声とはまさにこのことだろうと自分自身で自問自答した．
　ところで，総理の椅子に座った森下は，これからのこの国のカジ取りは自分がやるのだと決意をあらたにした．しかし，同時に民政党の実力者である野々内ら4人組(自分を総理に指名してくれた)とはうまくやっていく必要があった．むしろ，これら実力者との調整が，この国の将来のためのビジョンを考える以上に大切なことも痛いほどわかっていた．
　さて，このようなとき，世界的にIT革命(情報先端技術革命)のあらしが起

こってきたのである．このこと自体は，新しい技術(インターネットをはじめとする情報技術)の導入をすればよいことであり，長い目でみれば，よいことであることは明らかである．しかし問題は，友好国(ＩＴ革命を声高に叫んでいる)であるＡ国が，日本に技術の情報公開をせまってきていることである．Ａ国は，ＩＴ技術に関しては，世界一の先進国であるが，それらを支えているのは日本の製造業であるからである．当時，日本の製造業は情報関連でも世界一であり，世界をリードしていた．つまり，日本は情報戦略は最低のレベルであったが，情報関連の製造技術は最高であった．Ａ国は，金融ビッグバンという「言葉」で日本の銀行を世界に開放させ，こんどは，「ＩＴ革命」という「言葉」で，ＭＴＴ(日本の大手通信業)はじめ日本の情報技術を世界に開放させようとしていた．世界の諸外国の声はＡ国の声であり，情報技術の自由化の声は日増しに大きくなっていった．一方，国内の情報技術関連の経営者は，自分たちの作った技術が公開されることには反対であり，その声も一段とトーンが高くなっていた．

ところで，森下総理は，初の外遊で，Ａ国の大統領から情報技術の公開について強く説得されていた．近い将来の総選挙のこともあり，さて，森下総理は，どのような決断をするのであろうか？

A 4-1 そこで，この問題を**意思決定基準**より考えてみることにする．
まず，この問題に対する意思決定策として，次の4つを挙げる．Ａ案は，情報技術関係者の声を大切にして，情報技術は自由化しないというもの．Ｂ案は，Ａ国の声を多少とり入れて，少し自由化するというもの．Ｃ案は，世界(グローバルスタンダード)の情勢を考慮して，かなり自由化するというもの．最後のＤ案は，思いきって完全に自由化するというものである．

さて，これらの案の中で，どの案が最適であるかを考えてみよう．そのために，これらの案の満足度(数字が大きくなるほど，うまく事がはこぶ．すなわち，この国の安定度が大きくなる，と考えることができる)を客観的な数字で表わしたいのであるが，これらの満足度は，国内外の状況(シナリオ)によって大

きく変化すると思われる．そこで，シナリオとして，I，II，III，IVを考えた．シナリオIは，日本の情報関係者の声が大きくなる状況を示しており，シナリオIIは，A国の声が大きくなり，日本が情報技術の開放をせまられる状況を示している．一方，シナリオIIIは，情報技術安保が声高に叫ばれる状況を示しており，シナリオIVは，シナリオI，II，IIIの折衷案である．それぞれの案に対する満足度を，それぞれのシナリオに応じて数字に表わしてみた．その結果を表4.1に示す．この表から，どの案が最適かを科学的に結論づけてみよう．そのためには，どのようにすればよいのであろうか？

表 4.1 満足度指数（w_{ij}）

案＼シナリオ	I	II	III	IV
A 自由化しない	40	40	50	20
B すこし自由化する	35	35	35	35
C かなり自由化する	30	60	30	20
D 完全に自由化する	30	70	20	20

シナリオI：
　日本の情報関係者の声が大きくなる．

シナリオII：
　A国の声が大きくなり，日本が情報技術の開放をせまられる．

シナリオIII：
　情報技術安保が声高に叫ばれる．

シナリオIV：
　シナリオI，II，IIIの折衷案．

　このような意思決定問題を解く基準として，次の4つの基準がある．その4つとは，ラプラスの基準，マキシミンの基準，フルビッツの基準，そしてミニマックスの基準である．これら4つの決定基準を説明して，それぞれの決定基準にしたがって，本例(情報技術の自由化問題)を解くことにする．

1 ラプラスの基準

ある案の**満足度**は，各シナリオに対する満足度の平均値で表わされる．

$$\left.\begin{array}{l} W_L(a_i) = \dfrac{1}{m}\sum_{j=1}^{m} w_{ij} \\ i = 1, 2, \cdots, n \\ j = 1, 2, \cdots, m \end{array}\right\} \quad (4.1)$$

ラプラスの基準とは，(4.1)式において W_L(満足度)が最大になる案を選択することである．ただし，i は案の番号を，j はシナリオの状態番号を表わしている．そして，

$$a_1 = \text{A案}, \quad a_2 = \text{B案}, \quad a_3 = \text{C案}, \quad a_4 = \text{D案}$$

であり，

$$j=1 \text{ は I}, \quad j=2 \text{ は II}, \quad j=3 \text{ は III}, \quad j=4 \text{ は IV のシナリオ}$$

を表わしている ($n=4$, $m=4$). さらに，w_{ij} は i 案の j シナリオに対する満足度を表わしている．

このラプラスの基準は，式からもわかるように，シナリオの生起確率を等確率として考えたものである．この基準を最大にする案を選択するのであるが，この例では，次のような計算結果になる．

A (a_1): $\quad W_L(a_1) = \frac{1}{4} \times 40 + \frac{1}{4} \times 40 + \frac{1}{4} \times 50 + \frac{1}{4} \times 20 = 37.5$

B (a_2): $\quad W_L(a_2) = \frac{1}{4} \times 35 + \frac{1}{4} \times 35 + \frac{1}{4} \times 35 + \frac{1}{4} \times 35 = 35.0$

C (a_3): $\quad W_L(a_3) = \frac{1}{4} \times 30 + \frac{1}{4} \times 60 + \frac{1}{4} \times 30 + \frac{1}{4} \times 20 = 35.0$

D (a_4): $\quad W_L(a_4) = \frac{1}{4} \times 30 + \frac{1}{4} \times 70 + \frac{1}{4} \times 20 + \frac{1}{4} \times 20 = 35.0$

したがって，A案（自由化しない）を選択することになる．

2 **マキシミンの基準**

ある案の満足度は，各シナリオに対する満足度の最低の値とする．

$$\left. \begin{array}{l} W_W(a_i) = \min_j w_{ij} \\ i = 1, 2, \cdots, n \end{array} \right\} \quad (4.2)$$

4.1 意思決定基準

マキシミンの基準とは，(4.2)式において，W_W(満足度)が最大になる案を選択することである．この基準は，式からもわかるように，最も悲観的立場にたった基準である．シナリオは，選択した案に対してその結果が最悪となるような状態を出現させるという立場である．この例では，

A (a_1) :　　$W_W(a_1)=20$
B (a_2) :　　$W_W(a_2)=35$
C (a_3) :　　$W_W(a_3)=20$
D (a_4) :　　$W_W(a_4)=20$

となる．したがって，マキシミンの基準にしたがえば，B案(少し自由化する)を選択することになる．

ただし，反対に最も楽観的な基準を考えることもできる．そして，これら2つの基準は，次に紹介するフルビッツの基準に統合される．

③ フルビッツの基準

ある案の満足度は，各シナリオに対する満足度の最高値と最低値の加重平均で表わされる．

$$\left. \begin{aligned} &W_H(a_i) = \alpha \max_j w_{ij} + (1-\alpha) \min_j w_{ij} \\ &0 < \alpha < 1 \\ &i = 1, 2, \cdots, n \end{aligned} \right\} \quad (4.3)$$

フルビッツの基準とは，(4.3)式において，W_H(満足度)が最大になる案を選択することである．この基準は，式からわかるように，悲観論と楽観論を混合したもので，α が楽観の程度を表わすパラメータ(助変数)である．この例では，

A (a_1) :　　$W_H(a_1) = 50\alpha + (1-\alpha) \times 20 = 30\alpha + 20$
B (a_2) :　　$W_H(a_2) = 35\alpha + (1-\alpha) \times 35 = 35$
C (a_3) :　　$W_H(a_3) = 60\alpha + (1-\alpha) \times 20 = 40\alpha + 20$

第4章 決断のための数理モデル

$$D\ (a_4): \quad W_H(a_4)=70\,\alpha+(1-\alpha)\times 20=50\,\alpha+20$$

となる．したがって，$(\alpha>0.3)$ のとき，D案(完全自由化)を選択することになる．

4 ミニマックスの基準

機会損失が最も小さい案を選択する基準である．

$$\left.\begin{array}{l} W_S(a_i)=\max_{j} v_{ij} \quad (i=1,\ 2,\ \cdots,\ n) \\ v_{ij}=\max_{k} w_{kj}-w_{ij} \quad (j=1,\ 2,\ \cdots,\ m) \end{array}\right\} \quad (4.4)$$

ミニマックスの基準とは，(4.4)式において，W_S (不満足度)が最小になる案を選択することである．また，v_{ij} は，式からも明らかなように，もしシナリオの状態が真であるとあらかじめわかっていれば選択したであろう案に対する結果($\max_{k} w_{kj}$)と，シナリオの状態が真であると知らないばかりに選択してしまった a_i に対応する結果(w_{ij})との差である．

これは，シナリオの形態の出現を知らなかったことに基づく損失，機会損失である．シナリオの状態は，機会損失を最大にするものが出現するという悲観的立場から $W_S(a_i)$ が定められる．このミニマックスの基準は，前述した3つの基準とは異なり，これを最小にする案を選択する．ところでこの例では，v_{ij} すなわち損失表は，表4.2のようになる．

ゆえに，$W_S(a_i)$ は次のようになる．

A (a_1)： $W_S(a_1)=30$
B (a_2)： $W_S(a_2)=35$
C (a_3)： $W_S(a_3)=20$
D (a_4)： $W_S(a_4)=30$

したがって，$W_S(a_i)$ の最小値であるC案(かなり自由化する)を選択することになる．

表 4.2 損失表

案＼シナリオ	I	II	III	IV
A 自由化しない	0	30	0	15
B すこし自由化する	5	35	15	0
C かなり自由化する	10	10	20	15
D 完全に自由化する	10	0	30	15

　以上4つの意思決定基準に従って，決めた場合，選択される案はすべて異なってくる．さて森下総理，このパラドックスをいかにして解くのであろうか？

　ところで，意思決定基準の選択は次の2つの視点から行われるべきであると思われる．第1は，各種の決定基準が立脚している視点，すなわち等確率，悲観的，楽観的，最大機会損失のうち意思決定者が適当と考える視点を採択することである．第2は，各種の決定基準のもつ性質を検討し，直面している意思決定問題の状況に最もふさわしい基準を選択することである．

4.2　セントペテルスブルグの逆説

Q 4-2　三角関係の解決には？

　その昔，ロシアのペテルスブルグでのこと，2人の青年が1人の若い娘を同時に愛してしまった．しかも，2人のいちずな気持ちが，この娘の判断を鈍らせてしまった．仕方がないので，何かの勝負で決着をつけることになった．ピストルによる決闘も考えられたが，一方が死ぬことになり，周囲の人々の説得で中止になった．そこでサイコロの勝負をすることになった．

第4章 決断のための数理モデル

　丁(偶数)か半(奇数)かを事前に予告して，その結果で争うこの勝負，ラスベガスのルーレットや，マカオの大小賭博と同一である．しかし，1回で勝負を決定するのは，2人ともしのびなかった．何回か勝負をし，その平均値で決したかった．この場合，短い期間なら，特別ツイている(強運)とかツイていない(衰運)とかはありうる．しかし，十分に長い期間をとれば，いかさまをしないかぎり，特に勝ったり負けたりはしないはずである．すなわち，勝ち負けはこの2人に均等に分配されているはずである．

　例えばこの娘を，丁半のサイコロ勝負にかけたとする．すると，当たる確率は1/2で，当たらない確率も1/2になる．そして，当たれば1獲得するが，当たらなければ0で何も獲得することができない．このように，すべての可能性を平均した利得を**期待値**というが，丁半賭博における期待値$E(x)$は次のようになる．

$$E(x) = 1 \times \frac{1}{2} + 0 \times \frac{1}{2} = \frac{1}{2}$$

　よって，多数回このゲームに興じれば，この娘を獲得できる期待値は1/2になる．したがってこのゲームでは，決着がつかないことになる．

　そこで，一方の青年が，「丁半賭博よりおもしろいゲームがあるから，それで決着をつけよう」と言いだした．このゲーム，サイコロを用いて丁・半で勝負するところまでは同じである．どこが違うかというと，一方がサイコロを振り，丁なら丁(丁か半かは事前に決めておく)が出れば，ゲームは終るというものである．賭けたほうの目が出るまで，サイコロを振りつづけるのである．その結果，サイコロを投げた回数をN回とすると，プレイヤー(サイコロを振った人)は，

$$x = 2^N 円$$

獲得することになる．3回目に出れば，2の3乗で8円，5回目ならば2の5乗で32円獲得するのである．さて，このプレイヤーがこのゲームを十分長く続けた場合，獲得できる期待額はいくらになるだろうか．すなわち，この娘を獲得

4.2 セントペテルスブルグの逆説

できる水準は，どのくらいに設定すればよいのであろうか．この期待値を超えれば，運よく娘を獲得できるのである．

そこで，このゲームの期待値(額)を計算するのだが，丁半賭博とおなじように，ある事象(サイコロを振る回数)の起こる確率と，そのときにプレイヤーが獲得する利得を計算し整理すると，表 4.3 に示すようになった．したがって，プレイヤーの獲得する期待値は次のようになる．

$$E(x) = 2 \times \left(\frac{1}{2}\right) + 4 \times \left(\frac{1}{4}\right) + 8 \times \left(\frac{1}{8}\right) + 16 \times \left(\frac{1}{16}\right) + 32 \times \left(\frac{1}{32}\right) + \cdots$$
$$= 1 + 1 + 1 + 1 + 1 + \cdots$$
$$= \infty$$

すなわち，サイコロを振る回数に関係なく，プレイヤーがある回数サイコロ

表 4.3 起こる確率と獲得できる利得(1)

サイコロを振る回数	事象の確率	プレイヤーの獲得する利得
$N=1$	$P(N=1)=\dfrac{1}{2}$	2 (円)
$N=2$	$P(N=2)=\dfrac{1}{2^2}=\dfrac{1}{4}$	$2^2=4$ (円)
$N=3$	$P(N=3)=\dfrac{1}{2^3}=\dfrac{1}{8}$	$2^3=8$ (円)
$N=4$	$P(N=4)=\dfrac{1}{2^4}=\dfrac{1}{16}$	$2^4=16$ (円)
$N=5$	$P(N=5)=\dfrac{1}{2^5}=\dfrac{1}{32}$	$2^5=32$ (円)
⋮	⋮	⋮
$N=i$	$P(N=i)=\dfrac{1}{2^i}$	2^i (円)
⋮ ∞	⋮	⋮

を振ったときに獲得するであろう利得の期待値は1円になる．そして，サイコロを振る回数は無限大まで可能であるから，この場合，事象は無限大あると考えられる．つまり1円を無限回加えるのである．したがって，このゲームでプレイヤーが獲得するであろう利得の期待値(平均値)は無限大の金額になるという結論が得られたことになる（この娘が∞円というすばらしい価値をもっていることが発見された）．

そこで，このゲームに勝利するために（すなわち娘を獲得するのに），どれだけのお金を支払うことにすれば，このゲームが「公正」といえるであろうか．期待値(平均値)の計算からは，無限大のお金ということになるが，2人の青年（プレイヤー）とも納得するであろうか．愛する女性のためなら無限大のお金を調達してくるのであろうか．

2人の青年が，ともに精神がノーマルであれば，このゲームをプレーするのにわずか5円でさえ出そうとは思わない，と考えられる．

なぜなら，このゲームを無限に多くの回数プレーすることが可能であり，そして実際どれほど多くのお金を提供してみたところで，これは「公正なゲーム」であると認識するには程遠いものと思われるからだ．

それは，なぜであろう？

A 4-2　実は，この問題の原型は「**セントペテルスブルグの逆説**」という，有名なパラドックスに満ちたものなのである．このパラドックスを理論的に解析した人はいないが，次のように解釈するとわかりやすいと思われる．

例えば，このゲームの胴元（この場合は，くだんの娘であろうか？）が無限にお金を持っていなくて（誰が胴元でも当然である），2の50乗円しか持っていないと仮定する（2^{50}円！　これはかなり高額であり，無限に近い金額である）．したがって，サイコロを振る回数が50回を超えても利得は2の50乗円（2^{50}円）とする．このとき，プレイヤーの利得の期待値はいくらぐらいになるであろうか．そこで，サイコロを振る回数Nと，そのときの確率と，そのときにプレイ

4.2 セントペテルスブルグの逆説

表 4.4 起こる確率と獲得できる利得(2)

サイコロを振る回数	事象の確率	プレイヤーの獲得する利得
$N=1$	$P(N=1)=\dfrac{1}{2}$	2 (円)
$N=2$	$P(N=2)=\dfrac{1}{2^2}=\dfrac{1}{4}$	$2^2=4$ (円)
$N=3$	$P(N=3)=\dfrac{1}{2^3}=\dfrac{1}{8}$	$2^3=8$ (円)
⋮	⋮	⋮
$N=49$	$P(N=49)=\dfrac{1}{2^{49}}$	2^{49} (円)
$N=50$	$P(N=50)=\dfrac{1}{2^{50}}$	2^{50} (円)
$N=51$	$P(N=51)=\dfrac{1}{2^{51}}$	2^{50} (円)
⋮	⋮	⋮

ヤーが獲得する利得を計算し整理すると，表 4.4 に示すようになった．すなわち，

$$E(x)=2\times\left(\frac{1}{2}\right)+4\times\left(\frac{1}{4}\right)+\cdots+2^{49}\times\left(\frac{1}{2^{49}}\right)+2^{50}\times\left(\frac{1}{2^{50}}\right)$$

$$+2^{50}\times\left(\frac{1}{2^{51}}\right)+2^{50}\times\left(\frac{1}{2^{52}}\right)+2^{50}\times\left(\frac{1}{2^{53}}\right)+\cdots$$

$$=1+1+\cdots+1+1+\frac{1}{2}+\frac{1}{4}+\frac{1}{8}+\cdots$$

となる．ところで，

$$P(N\geqq 50)=\frac{1}{2^{50}}+\frac{1}{2^{51}}+\cdots$$

$$= \frac{1}{2^{49}}\left(\frac{1}{2} + \frac{1}{4} + \frac{1}{8} + \cdots\right)$$
$$= \frac{1}{2^{49}}$$

ただし，
$$\frac{1}{2} + \frac{1}{4} + \frac{1}{8} + \cdots = 1$$

である．したがって，この場合の期待値 $E(x)$ は次のようになる．

$$E(x) = 2 \times \left(\frac{1}{2}\right) + 4 \times \left(\frac{1}{4}\right) + \cdots + 2^{49} \times \left(\frac{1}{2^{49}}\right) + 2^{50} \times \left(\frac{1}{2^{49}}\right)$$
$$= 1 + 1 + \cdots + 1 + 2 = 51 \text{（円）}$$

すなわち，この娘が2の50乗円（2^{50}円）という多くの金を持っていても，このゲームに参加したプレイヤーの獲得する利得の期待値は，たかだか51円である．また，仮にこの胴元（若い娘にはまず不可能だ）が2の100乗円（2^{100}）円という莫大な金を持っていたとしても，獲得する利得の期待値は，わずか101円である．

「このゲームに参加したプレイヤーの獲得する利得の期待値は無限大である」とした当初の結論は，どう考えてもパラドックスに満ちていることがわかる．そしてこのことは，結果が不確かな事柄を評価するには，期待値（**大数の法則**に基づいている）の概念ではなく，個人のもっている主観確率から求める平均効用値の概念で測定しなければならないことを教示している．

4.3　効　用　関　数

Q 4-3　クジの確率とは？

　ある南方の小さな国Aで，領土問題が起こった．というのは，10数年前ちょっとしたいざこざで，元来A国の領土であった3つの島が，隣接する軍事大国

4.3 効 用 関 数

Bのものになってしまった．ところが，いまは友好関係を増し，A・B2国の間で，領土問題に関する交渉が始まったのである．何回かの交渉の末，この南方3島は両国共有の領土として共同管理することになった．そして3島からの収益を，「ある約束」のもとで配分することになった．ある約束とは，クジのことである．というのは，配分率については交渉で結論が出ず，運を天にまかせる方法をとったのである．またこのクジは，現在3島を管理しているB国が作成し，A国が引くというものである．

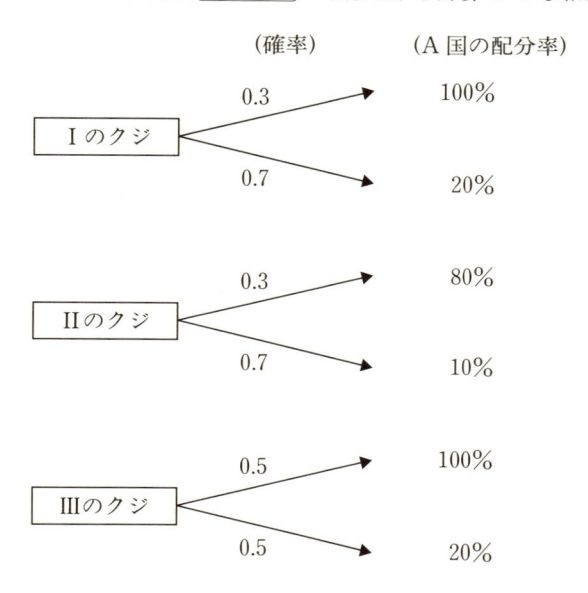

例えば，収益の分配率とクジの確率があらかじめわかっている図4.1のクジの場合を考えよう．Ⅰのクジは，配分率100％と20％を引き当てるのであるが，その確率は，それぞれ0.3と0.7とする．一方Ⅱのクジは，配分率80％と10％を，それぞれ0.3と0.7の確率で引き当てる．このとき，A国の代表はⅠとⅡのうち，どちらのクジにトライするであろうか？ この場合，成功・失敗いずれの結果においても，Ⅰのクジのほうがつねに有利であり，Ⅰを採用するのは当然である．期待値(Q4-2の項参照)を計算しても結果は明白である．

```
                        (確率)          (A国の配分率)

                         0.3              100%
        Ⅰのクジ
                         0.7               20%


                         0.3               80%
        Ⅱのクジ
                         0.7               10%


                         0.5              100%
        Ⅲのクジ
                         0.5               20%
```

図4.1 クジの当たる確率と配分率(1)

Ⅰのクジ： $E(\mathrm{I})=100\times0.3+20\times0.7=44\,(\%)$

Ⅱのクジ： $E(\mathrm{II})=80\times0.3+10\times0.7=31\,(\%)$

次に，図 4.1 に示した Ⅲ を Ⅰ のクジと比較してみよう．この場合，成功・失敗どちらでも，同じ配分率になっているが，Ⅲ のほうが成功確率が高いので，Ⅲ のクジを選択するのは，これまた当然である．期待値の計算結果，

Ⅲのクジ： $E(\mathrm{III})=100\times0.5+20\times0.5=60\,(\%)$

から見ても明らかである．

以上 2 つのケースのように，クジの確率，もしくは配分率(賞金)のどちらかが同じである場合，比較することは簡単である．しかし，両方とも違ってくると比較しにくくなる．

例えば，図 4.2 に示した Ⅳ と Ⅴ のクジでは，どちらを選択するであろうか．確率，配分率いずれも異なるので，とりあえず期待値を計算することにしよう．

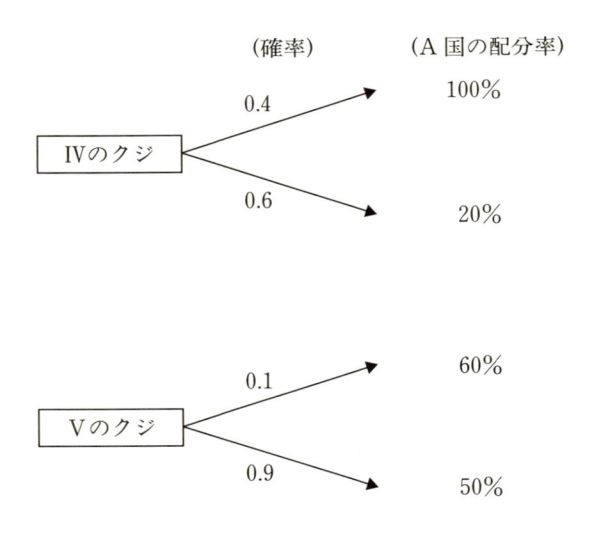

図 4.2 クジの当たる確率と配分率(2)

4.3 効用関数

Ⅳのクジ： $E(\text{VI})=100\times0.4+20\times0.6=52\,(\%)$

Ⅴのクジ： $E(\text{V})=60\times0.1+50\times0.9=51\,(\%)$

　計算結果は，Ⅳのほうが期待値は大きい．したがって，Ⅳのクジを選択するかというと，必ずしもそうではない．むしろ，A国の代表が賢明な政治家なら期待値は低いかもしれないがⅤのクジを選択するであろう．なぜなら，Ⅳでは，失敗すれば配分率が20％になり，かつ成功の確率より失敗の確率のほうが高くなっているからである．一方Ⅴでは，少なくとも配分率50％は確保できるのである．

　しかし，だからといって国を代表する政治家が全員Ⅴのクジを選択するかというと，必ずしもそうではない．その選択は，その政治家がもっている「リスク回避」の程度によるものである．このことにより，期待値の法則に基づかない，その人間(集団)が主観的にもっている確からしさが，意思決定の際に重要な要素になっていることがわかる．このような確からしさを主観確率というが，この考えを用いた効用関数という概念により，さきほどのパラドックスは解決する．

A 4-3

　一般に，お金をはじめいろいろな価値(この例における配分率等々)の効用(満足度)は，その値が増えるにつれ，効用(満足度)の増加量は減ることが普通である．そこで，本例(収益の配分率に関する例)における満足度(効用)の曲線(関数)を求めてみよう．

　はじめに，最低の満足度(効用)を0とする．収益の配分率の例では0％がこれに当たる．したがって満足度(効用)は，

　　　$S(0)=0$

となる．一方，最高の満足度(効用)を1とする．この例では，配分率100％がこれに当たる．その満足度(効用)は，

$$S(100)=1$$

となる．

次に，丁半賭博で丁が出れば配分率100％を獲得でき，半が出れば0％になる賭けを想定する．この賭けと，確実にあるパーセントの配分率を獲得できる場合とが同じ満足度(効用)になることがある．この場合の配分率がいくらくらいかを推定する．例えば，80％の配分率が確実に獲得できるなら，このような賭けはしないであろう．また，20％の配分率しか確実に獲得できないのなら，この賭けに打って出るであろう．そこで，確実に獲得できる配分率を変えながら，この賭けとどちらがよいかを尋ねていく．このようにして，「どちらでもよい」と答えた配分率が40％なら，この値がA国の代表となった政治家の満足度(効用)を0.5とする値である．すなわち，

$$S(40)=0.5$$

となる．次に

$$[S(0)=0] \quad \text{と} \quad [S(40)=0.5]$$

と考えて，丁が出れば40％の配分率，半が出れば0％になる賭けを想定する．この賭けと，確実に獲得できる配分率がいくらになれば，どちらでもよいかという質問を行い，その値が15％なら，

$$S(15)=0.25$$

となる．次に

$$[S(40)=0.5] \quad \text{と} \quad [S(100)=1.0]$$

と考えて，丁が出れば100％，半が出れば40％の配分率になる賭けを想定する．この賭けと，確実に獲得できる配分率がいくらになれば，どちらでもよいかという質問を行い，その値が60％なら，

4.3 効用関数

$S(60) = 0.75$

となる．

次に，A国の代表の答えが整合性があるかどうかを検証する．つまり，満足度(効用)0.75 と 0.25 の中間に満足度(効用)0.5 があるかどうかをチェックする．そこで，A国の代表者に再度「丁が出れば60％の配分率，半が出れば15％の配分率になる賭けと，確実に40％の配分率が得られるのとでは，どちらがよいか」と質問する．「どちらでもよい」と答えれば，整合性があるといえる．もしそうでなければ，最初から答え直す必要がある．その結果，次の5点が満足度(効用)の点として定まった．

$S(0) = 0, \quad S(15) = 0.25, \quad S(40) = 0.5,$
$S(60) = 0.75, \quad S(100) = 1$

これらの点を結ぶと，A国の代表の配分率に対する**満足度の曲線**(効用関数)が得られた(図 4.3 参照)．

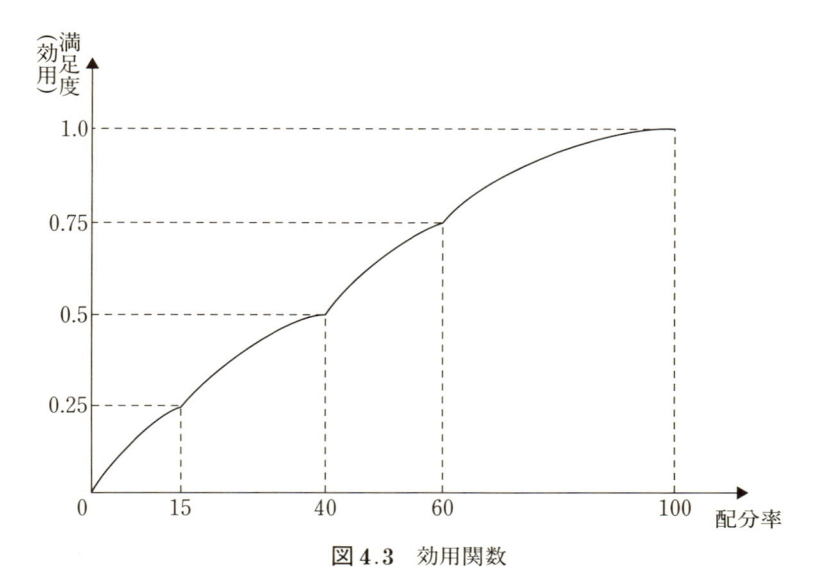

図 4.3 効用関数

ところで，この効用関数をもとにして，パラドックスに満ちた Ⅳ のクジと Ⅴ のクジの比較評価を行う．ただし図 4.3 より，配分率 20 % と 50 % の満足度（効用）を推定すると，

$$S(20)=0.3, \quad S(50)=0.65$$

となる．したがって，Ⅳ のクジと Ⅴ のクジの平均（期待）効用値は，それぞれ次のようになる．

Ⅳ のクジ： $E(\text{IV})=1.0\times 0.4+0.3\times 0.6=0.58$

Ⅴ のクジ： $E(\text{V})=0.75\times 0.1+0.65\times 0.9=0.66$

この結果，期待効用値は Ⅴ のクジのほうが高くなり，常識的な選択結果と一致することがわかる．

ところで，この話実際には次のようになった．A 国の代表は Ⅴ のクジを引き，その結果，50 % の配分率を獲得した（やはり，0.9 の確率のほうになった）．

A・B 両国は，仲良く半々の収益を得て，両代表とも満足気であった．

第 5 章　多目的な状況における数理モデル

　本章では，線形計画法として，主問題(シンプレックス法)・輸送問題，さらに多目的な線形計画法として2目的線形計画法，そして目標計画法について説明する．目標計画法とは，目標が複数ある場合，多くの目標の達成度合いを全体的に高めるという考えに基づいて作られた手法である．

5.1　線形計画法主問題

Q 5-1　テニスか麻雀か？

　私の友人にテニスと麻雀の好きな人がいる．この人は週末になると，いつも迷ってしまう．例えば，土曜日はフルに麻雀をやって，日曜日にはテニスをするか，それとも麻雀は土曜の午後だけにして，テニスの時間を増やすか…．それに，費用のことも考えなければならない．

　この人は，ややテニスのほうが好きなので，麻雀をしたときの満足度を「5」，テニスをしたときの満足度を「6」とする．麻雀にしろ，テニスにしろ，あまり小きざみにやっても興がのらないので，1回につき，麻雀が4時間，テニスは2時間，その費用は，それぞれ2000円，4000円とする．また総費用は2万円，週末の余暇時間はトータル16時間とする．

　では，最小の費用で最大の満足を得るには，この友人はテニスと麻雀をそれぞれ何回ずつやればよいのだろうか？

A 5-1 まず，この問題を初等数学を使って解いてみよう．麻雀とテニスの回数をそれぞれ x, y 回とするとして，そのときに得られる**満足度**の合計を z とすれば，

$$z = 5x + 6y \longrightarrow \text{MAX}$$

となる．このときの z を最大にすればよいのだが，余暇時間と費用にはそれぞれ次のような**制約条件**がある．

余暇時間 16 時間以内
$$4x + 2y \leq 16$$

総費用は 20 〔千円〕以内
$$2x + 4y \leq 20$$

x, y はともに正かゼロの数
$$x \geq 0, \quad y \geq 0$$

以上，3つの制約条件を満足する点 (x, y) の存在範囲は，図 5.1 の斜線部分に当たる．

いま満足度を表わす式

$$z = 5x + 6y$$

を考えると，この直線が図の斜線部分と共通点をもつ限りにおいて z が最大となるのは，この利益を表わす直線が 2 直線

$$\left. \begin{array}{l} 4x + 2y = 16 \\ 2x + 4y = 20 \end{array} \right\}$$

の交点 ($x = 2$, $y = 4$) を通るときである．

したがって最大の満足度は，麻雀を 2 回，テニスを 4 回するときであり，

$$z = \underset{\text{麻雀}}{10} + \underset{\text{テニス}}{24} = 34$$

となる．

5.1 線形計画法主問題

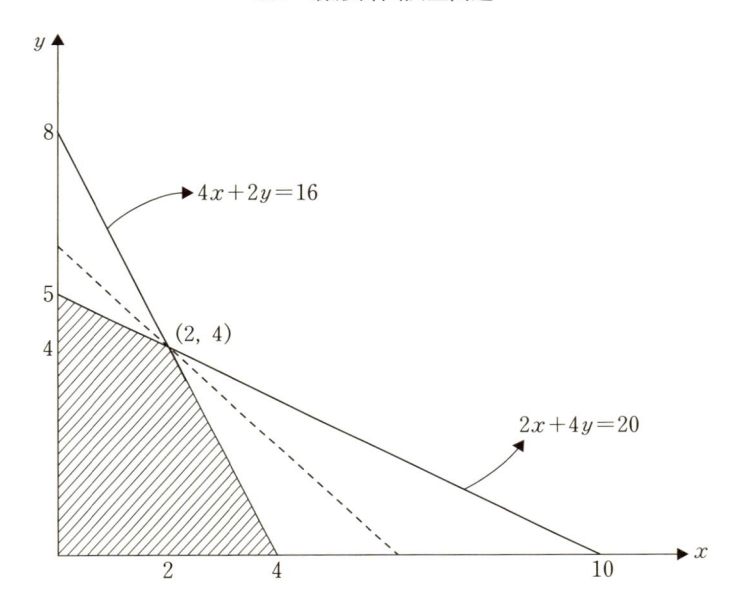

図 5.1 3つの制約条件を満足する解の範囲

以上で，私の友人の週末の余暇のすごし方に関する問題は解決された．ところで，このような問題は，一般に**線形計画法**の問題と呼ばれ，経営のための数学の一分野としていろいろ研究され，経済・政治・社会のあらゆる方面にその威力を発揮している．また，実際に線形計画法が適用される場合には，変数が2つ3つどころではなく，100あるいはそれ以上もある場合が多く，近年はコンピュータの発達により，それらの問題は速く正確に解けるようになってきた．

次に，この線形計画法の定式化を行う．例として，先ほどの週末の余暇のすごし方を取り上げる．ある人が週末をすごすのに，n 種類のレジャーを m 個の制約条件の中で選択するものとする．そして，ある制約条件に関するレジャーの係数(先ほどの例では，麻雀1回に4時間かかり，2000円の費用を要する．これが係数に当たる)を a_{ij} として，m 個の制約条件の上限を b_i とする．

そこで，レジャー L_1 を x_1 回，L_2 を x_2 回，…，L_n を x_n 回したときの満足度を考えるものとする．ただし，レジャー L_1 を1回したときの満足度は c_1,

レジャー L_2 を1回したときの満足度は c_2, …, レジャー L_n を1回したときの満足度は c_n とする．このとき，満足度の総計を最大にする x_1, x_2, …, x_n を求めたい．

以上のような線形計画法を**線形計画法主問題**といい，**定式化**すると次のようになる．

目的関数：

$$f(x)=c_1x_1+c_2x_2+\cdots+c_nx_n$$

制約条件：

$$\left.\begin{array}{l} a_{11}x_1+a_{12}x_2+\cdots+a_{1n}x_n \leqq b_1 \\ a_{21}x_1+a_{22}x_2+\cdots+a_{2n}x_n \leqq b_2 \\ \quad\cdots\cdots\cdots\cdots\cdots\cdots\cdots\cdots\cdots \\ a_{m1}x_1+a_{m2}x_2+\cdots+a_{mn}x_n \leqq b_m \\ x_1,\ x_2,\ \cdots,\ x_n \geqq 0 \end{array}\right\}$$

上式からわかるように，線形計画法主問題とは，正または0の n 個の**変数** (x_1, x_2, …, x_n) に関する連立一次不等式の制約のもとで，それらの変数による一次式 {目的関数 $f(x)$} を最大にすることである．

ただし，この場合の制約条件式は連立一次不等式なので，このままでは解は一意的に定まらない．そこでこの不等式を等式の連立一次式に変える必要がある．m 個の不等式のそれぞれの両辺の差を x_{n+1}, x_{n+2}, …, x_{n+m} として次のように変換する．

目的関数：

$$f(x)=c_1x_1+c_2x_2+\cdots+c_nx_n+c_{n+1}x_{n+1}+\cdots+c_{n+m}x_{n+m} \longrightarrow \text{MAX}$$

制約条件：

5.1 線形計画法主問題

$$
\left.\begin{array}{l}
a_{11}x_1+a_{12}x_2+\cdots+a_{1n}x_n+x_{n+1}=b_1 \\
a_{21}x_1+a_{22}x_2+\cdots+a_{2n}x_n+x_{n+2}=b_2 \\
\cdots\cdots\cdots\cdots\cdots\cdots\cdots\cdots\cdots\cdots\cdots\cdots\cdots\cdots\cdots\cdots \\
a_{m1}x_1+a_{m2}x_2+\cdots+a_{mn}x_n+x_{n+m}=b_m \\
\quad x_1,\ x_2,\ \cdots,\ x_n,\ x_{n+1},\ \cdots,\ x_{n+m}\geqq 0
\end{array}\right\}
$$

ここで，上記の目的関数，制約条件における変数 $x_{n+1}, x_{n+2}, \cdots, x_{n+m}$ を**スラック変数**といい，係数 $c_{n+1}, \cdots, c_{n+m}$ の値は実際には，$c_{n+1}=c_{n+2}=\cdots=c_{n+m}=0$ となっている．

また，上記の制約条件のもとで目的関数を最大にする変数 $(x_1, x_2, \cdots, x_{n+m})$ を求める方法は，次に示す**シンプレックス法**がある．以下，先ほどの例をシンプレックス法を使って解くことにする．そこで，まず先ほどの例を定式化すると，次のような線形計画法主問題となる．

目的関数：

$$f(x)=5x_1+6x_2 \longrightarrow \text{MAX}$$

制約条件：

$$
\left.\begin{array}{l}
16=4x_1+2x_2+x_3 \\
20=2x_1+4x_2+x_4 \\
\quad x_1,\ x_2,\ x_3,\ x_4\geqq 0
\end{array}\right\}
$$

次に表5.1に示す**シンプレックス表**を以下の(ⅰ)から(ⅹ)の順序で作成する．まず，ステップ1の行列は(ⅰ)から(ⅶ)の操作で行う．

(ⅰ) 第1行に $f(x)$ の負の係数 $-c_j$ の値を記入する．

(ⅱ) 第2，3行は，上記制約条件の係数をまとめて記入する．

(ⅲ) 表の b 列がすべて正か0であることを確認する．

(ⅳ) $f(x)$ 行に負の数があるかどうか調べる(この場合 -5，-6 の2つある)．

第5章 多目的な状況における数理モデル

表5.1 シンプレックス表

ステップ	基底	b	x_1	x_2	x_3	x_4	θ	
1	$f(x)$	0	-5	-6	0	0		(1.1)
	x_3	16	4	2	1	0	8	(1.2)
	x_4	20	2	4	0	1	5	(1.3)
2	$f(x)$	30	-2	0	0	1.5		(2.1)
	x_3	6	3	0	1	-0.5	2	(2.2)
	x_2	5	0.5	1	0	0.25	10	(2.3)
3	$f(x)$	34	0	0	2/3	7/6		(3.1)
	x_1	2	1	0	1/3	$-1/6$		(3.2)
	x_2	4	0	1	$-1/6$	1/3		(3.3)

(ⅴ) (ⅳ)で絶対値の最も大きい数(x_2 列の-6)に注目し，その列にマークする．

(ⅵ) b 列の各数を x_2 列の正の数で割った値 θ を計算する($16/2=8$, $20/4=5$)．

(ⅶ) θ の値の大小を比較して，最小値(x_4 行の 5)に注目して，その行(x_4 列)にマークする．

以上で，ステップ 2 の基底に新しく入ってくる変数(x_2)と，代わりに基底から出ていく変数(x_4)が決まる．ステップ 2 の基底は，x_3, x_2 となった．そして，これに伴う消去計算の操作(ⅷ)，(ⅸ)を行う．

(ⅷ) ステップ 1 第 3 行の x_2 列の数字 4 を 1 に代えて，ステップ 2 の第 3 行に送る(ステップ 2 の第 3 行はステップ 1 の第 3 行を 4 で割った数列)．

 (ステップ 2 の第 3 行) = (ステップ 1 の第 3 行) ÷ 4

を記入する．

(ⅸ) ステップ 1 の第 3 行以外の x_2 列の数を 0 に代えて，ステップ 2 に送る．したがって，ステップ 2 の第 1 行，第 2 行はそれぞれ次のようになる．
 (2.1) = (1.1) + (2.3) × 6

$(2.2) = (1.2) - (2.3) \times 2$

（ⅹ）ステップ2において，ステップ1で行った操作(iv)から(vii)を繰り返す．

ステップ2の第1行における負の数を調べると，−2だけである．したがって，−2に注目しx_1列にマークする．またθは以下のようになる．

$$\frac{6}{3} = 2 \qquad \frac{5}{0.5} = 10$$

θの値を比較すると，x_3行に対応する2が最小であるので，その行にマークする．これで，ステップ3の基底に新しく入ってくる変数x_1と代わりに基底から出ていく変数x_3が決まる．ステップ3の基底はx_1，x_2となる．そしてあとは，前のステップと同じような消去計算を繰り返していく．その結果は表5.1に示したとおりである．そこで，ステップ3の第1行の負の数を調べると，負の数はない．このとき，**最適解**に達したことがわかり，計算は終了する．最適解は$x_1 = 2$，$x_2 = 4$，$f(x) = 34$となり，前に示した計算結果と同じである．

5.2 線形計画法輸送問題

Q 5-2　うまくモノを運ぶには？

あるメーカーの経営者から次のような質問を受けた．「わが社では，ある製品をつくる生産工場を2箇所(X_1, X_2)持っています．そこで，生産した製品を3箇所の消費センター(Y_1, Y_2, Y_3)に輸送する場合を考えてみます．ただし，生産工場の供給量は，X_1が100個，X_2が80個です．一方，各消費センターの需要量は，Y_1が50個，Y_2が60個，Y_3が70個です．また，各生産工場から消費センターへ運ぶ製品の1個当りの輸送費は，表5.2に示すとおりとします．

このとき，総輸送経費を最小にするには，どの生産工場からどの消費センターへ，何単位ずつ輸送すればよいのでしょう？」

表 5.2 c_{ij} (単位：万円)

消費センター \ 生産工場	Y_1	Y_2	Y_3	供給量
X_1	3	4	7	100
X_2	5	6	10	80
需要量	50	60	70	180

A 5-2 この問題は，線形計画法の**輸送問題**といい，線形計画法のシンプレックス法を使わずに比較的簡単な方法で最適解が得られるのである．

次にその手順を示す．

(ⅰ) まず，費用行列 c_{ij} のなかで最も少ない輸送費用を探す．この場合，$X_1 \rightarrow Y_1$（3万円）がそれで，X_1 の供給量 100 と Y_1 の需要量 50 のうち，小さいほうの数 50 に注目する．消費センター Y_1 の需要量 50 は生産工場 X_1 から全部まかなうことにすれば，X_1 はさらに $100-50=50$ 余っていることになる．

(ⅱ) その状態で，Y_1 列を除いた表で，最も費用の少ないルートを(ⅰ)と同じように定めていく．この場合，$X_1 \rightarrow Y_2$（4万円）であり，したがって $X_1 \rightarrow Y_2$ に X_1 の供給量の残り 50 個をうめる．これで X_1 の供給量は 0 になり，Y_2 の需要量は $60-50=10$ となる．次に，Y_1 列，X_1 行を除いた表で，最も費用の少ないルートを(ⅰ)と同じように定めると，$X_2 \rightarrow Y_2$（6万円）となる．このルートに，Y_2 の残りの需要量 10 をうめる，そして最後に，X_2 の残りの供給量 70 を $X_2 \rightarrow Y_3$ のルートにうめる．

以上のようにして，まず最初の**実行可能解**である輸送量が表 5.3 のように定まる．このときの総費用 C を計算すると次のようになる．

$$C = 50 \times 3 + 50 \times 4 + 10 \times 6 + 70 \times 10 = 1110 \text{ (万円)}$$

5.2 線形計画法輸送問題

表5.3 実行可能解 x_{ij}

消費センター 生産工場	Y_1	Y_2	Y_3
X_1	50	50	
X_2		10	70

(iii) 最初の実行可能解で使われなかったルートについて，もし，このルートに1個の輸送をした場合，その変化によってこれまでのルートの輸送量が変化し，結局，新しいルートを使ったほうが費用が少なくなるのであれば，そのようにルート変更しなければならない．

(iv) そこで，この例において，$X_2 \to Y_1$ のルートを計算してみよう．$X_2 \to Y_1$ のルートで1個輸送すれば，X_2 の供給量は80と一定であるから，$X_2 \to Y_2$ で1個減らす．また Y_2 の需要量は決まっているから，$X_1 \to Y_2$ で1個増やし，$X_1 \to Y_1$ で1個減らせば，X_1 の供給量は一定であるから，最初の供給量・需要量の制約に変化はない．したがって，費用の増減は次のようになる．

$$\Delta c_{21} = 5 - 6 + 4 - 3 = 0$$

(v) (iv)と同じように，$X_1 \to Y_3$ のルートについて費用の変化を計算すると，次のようになる．

$$\Delta c_{13} = 7 - 10 + 6 - 4 = -1$$

(iv)，(v)のようにして，使われていないルート全部について計算したのが表5.4である．表において負の値がなければ，ルートを変更する必要はない．ところが，この場合は $X_1 \to Y_3$ ルートに負の値があるので，$X_1 \to Y_3$ ルートを新しく採用し，そこへ変更可能な最大限の輸送量，つまり min(70, 100)=70(個)をつぎこむ．そして，(ii)の手順をもとに新しく変更したあとの状態が表5.5である．

表5.4 使われていないルートの費用の変化

消費センター 生産工場	Y_1	Y_2	Y_3
X_1			-1
X_2	0		

表5.5 最適解 x_{ij}

消費センター 生産工場	Y_1	Y_2	Y_3
X_1	30		70
X_2	20	60	

さて,表5.5についてさらに変更すべきかどうかを,前と同じように調べると次のようになる.

$$\Delta c_{12}=4-6+5-3=0$$

さらに,

$$\Delta c_{23}=10-5+3-7=1$$

よって費用の少なくなるルートはないので,表5.5の x_{ij} がこの輸送問題の最適解となる.このときの総輸送量は次のようになる.

$$C=30\times3+70\times7+20\times5+60\times6=1040 \text{(万円)}$$

このメーカーの経営者は,早速,表5.5に示したように製品を動かし,安いコストで輸送できた.これからは,この方法で仕事を進めるそうである.この会社は,これからはどんどん成長し,大きく発展していくことであろう.

この問題で,X_1 の供給量を a_1,X_2 の供給量を a_2,Y_1 の需要量を b_1,Y_2 の需要量を b_2,Y_3 の需要量を b_3 とし,$X_1 \to Y_1$ の輸送量を x_{11},$X_1 \to Y_2$ の輸送量を x_{12},…,$X_2 \to Y_2$ の輸送量を x_{22},…というように表わし,輸送経費も

それに応じて c_{11}, c_{12}, …というように表わせば，上の輸送問題は次のように定式化されるのである．

目的関数(総輸送経費)：

$$C = \sum_{i=1}^{2}\sum_{j=1}^{3} c_{ij} x_{ij} \longrightarrow \text{MIN}$$

制約条件：

$$\left.\begin{array}{l} \text{供給量に関して} \quad \sum_{j=1}^{3} x_{ij} = a_i \quad (i=1, 2) \\ \text{需要量に関して} \quad \sum_{i=1}^{2} x_{ij} = b_j \quad (j=1, 2, 3) \\ \qquad x_{ij} \geqq 0 \end{array}\right\}$$

つまり，上記の制約条件において，目的関数を満足する x_{ij} を決めることである．

本例の場合，次のように定式化される．

目的関数(総輸送経費)：

$$C = \sum_{i=1}^{2}\sum_{j=1}^{3} c_{ij} x_{ij} \longrightarrow \text{MIN}$$

制約条件：

$$\left.\begin{array}{l} \sum_{j=1}^{3} x_{1j} = 100, \quad \sum_{j=1}^{3} x_{2j} = 80 \\ \sum_{i=1}^{2} x_{i1} = 50, \quad \sum_{i=1}^{2} x_{i2} = 60, \quad \sum_{i=1}^{2} x_{i3} = 70 \\ \qquad x_{ij} \geqq 0 \end{array}\right\}$$

5.3 多目的線形計画法

Q 5-3 多くの目的を満足させるには？

目的関数が1つの線形計画法は，前述されたシンプレックス法で解ける．と

ころが以下に示すような **2目的線形計画法** はどのようにして解けばよいのであろうか？

目的関数：

$$f_1(x) = 5x_1 + 3x_2 + 4x_3 \longrightarrow \text{MAX}$$
$$f_2(x) = 2x_1 + 5x_2 + x_3 \longrightarrow \text{MAX}$$

制約条件：

$$\left.\begin{array}{l} 2x_1 + 5x_2 + 3x_3 \leq 3 \\ 3x_1 + 2.5x_2 + 6x_3 \leq 40 \\ x_1 + 4.5x_2 + 9x_3 \leq 52 \\ x_1,\ x_2,\ x_3 \geq 0 \end{array}\right\}$$

A 5-3 　**グローバル評価法** により，複数の目的関数を最大にするような多目的線形計画問題を解く計算手順を説明する．

まず，m 個の制約条件，n 個の変数のもとで，l 個の目的関数を最大にする **多目的線形計画モデル** は次のように定式化される．

目的関数：

$$f_k(x) = \sum_{j=1}^{n} c_{kj} x_j \quad (k=1, \cdots, l)$$

制約条件：

$$\left.\begin{array}{l} \sum_{j=1}^{n} a_{ij} x_j \leq b_i \quad (i=1, \cdots, m) \\ x_j \geq 0 \quad (j=1, \cdots, n) \end{array}\right\}$$

上記のモデルの最良な妥協解は次に示す手順（グローバル法）により求められる．

手順1 理想値 $f_k(x)$ を求める．

それぞれの目的関数に対する線形計画問題を解く．このときの目的関数の値

5.3 多目的線形計画法

を理想値 $f_k(x)$ $(k=1, \cdots, l)$ とする.

手順2 **ペイオフ表**を作成する.

ペイオフ表とは,手順1の結果を要約したものであり,それぞれの目的関数による線形計画問題の最適解 $x_k(k=1, \cdots, l)$ とその解による各目的関数値 $f_k(x)$ $(k=1, \cdots, l)$ を表わす.

手順3 最良な**妥協解**を求める.

各理想値から各目的関数の**相対偏差**(S) を以下の式により求める.

$$S = \frac{f_k(x) - \sum_{j=1}^{n} c_{kj} x_j}{f_k(x)} \quad (k=1, \cdots, l)$$

この相対偏差 S の和を最小にするような,以下の線形計画問題を解くと最良な妥協解が得られる.

目的関数:

$$f(x) = \sum_{k=1}^{l} \left\{ \frac{f_k(x) - \sum_{j=1}^{n} c_{kj} x_j}{f_k(x)} \right\} \longrightarrow \text{MIN} \tag{5.1}$$

制約条件:

$$\left. \begin{array}{l} \sum_{j=1}^{n} a_{ij} x_j \leq b_i \quad (i=1, \cdots, m) \\ x_j \geq 0 \quad (j=1, \cdots, n) \end{array} \right\}$$

Q 5-3 に示した例を上記手順に従って解く.

手順1 理想値 $f_k(x)$ を求める.

次の線形計画問題を解く.

(1)

目的関数:

$$f_1(x) = 5x_1 + 3x_2 + 4x_3 \longrightarrow \text{MAX}$$

制約条件：

$$\left.\begin{array}{l}2x_1+5x_2+3x_3 \leqq 3\\ 3x_1+2.5x_2+6x_3 \leqq 40\\ x_1+4.5x_2+9x_3 \leqq 52\\ x_1,x_2,x_3 \geqq 0\end{array}\right\}$$

制約条件式にスラック変数 x_4, x_5, x_6 を付け加えると次のようになる.

$$\left.\begin{array}{l}3=2x_1+5x_2+3x_3+x_4\\ 40=3x_1+2.5x_2+6x_3+x_5\\ 52=x_1+4.5x_2+9x_3+x_6\\ x_1,\cdots,x_6 \geqq 0\end{array}\right\}$$

したがって，シンプレックス表を作ると，表5.6のようになる．これにより，最適解は $\boldsymbol{x}_1=[x_1, x_5, x_6]^T=[1.5, 35.5, 50.5]^T$ となる（添え字 T はベクトルの転置を表わす）．一方，理想値 $f_1(x)=f_{11}(x)=7.5$ となる．なお，$f_{12}(x)=3.0$ である（ただし，$f_{11}(x)$, $f_{12}(x)$ の値は，最適解を $f_1(x)$, $f_2(x)$ にそれぞれ代入した値である）．

表5.6 シンプレックス表

ステップ	基底	b	x_1	x_2	x_3	x_4	x_5	x_6	θ
1	$f(x)$	0	-5	-3	-4	0	0	0	
	x_4	3	2	5	3	1	0	0	1.5
	x_5	40	3	2.5	6	0	1	0	13.33
	x_6	52	1	4.5	9	0	0	1	52
2	$f(x)$	7.5	0	9.5	3.5	2.5	0	0	
	x_1	1.5	1	2.5	1.5	0.5	0	0	
	x_5	35.5	0	-5	1.5	-1.5	1	0	
	x_6	50.5	0	2	7.5	-0.5	0	1	

5.3 多目的線形計画法

（2）

目的関数：

$$f_2(x) = 2x_1 + 5x_2 + x_3 \longrightarrow \text{MAX}$$

制約条件：

$$\left.\begin{array}{l} 2x_1 + 5x_2 + 3x_3 \leqq 3 \\ 3x_1 + 2.5x_2 + 6x_3 \leqq 40 \\ x_1 + 4.5x_2 + 9x_3 \leqq 52 \\ x_1,\ x_2,\ x_3 \geqq 0 \end{array}\right\}$$

制約条件式にスラック変数 x_5, x_6, x_7 を付け加えて（（1）と同じ）シンプレックス表を作ると，表5.7のようになる．これにより，最適解は，$\boldsymbol{x}_2 = [x_2,\ x_5,\ x_6]^T = [0.6,\ 38.5,\ 49.3]^T$ となる．一方，理想値 $f_2(x) = f_{22}(x) = 3.0$ となる．なお $f_{21}(x) = 1.8$ である．

表5.7 シンプレックス表

ステップ	基底	b	x_1	x_2	x_3	x_4	x_5	x_6	θ
1	$f(x)$	0	-2	-5	-1	0	0	0	
	x_4	3	2	5	3	1	0	0	0.6
	x_5	40	3	2.5	6	0	1	0	16
	x_6	52	1	4.5	9	0	0	1	11.56
2	$f(x)$	3	0	0	2	1	0	0	
	x_2	0.6	0.4	1	0.6	0.2	0	0	
	x_5	38.5	2	0	4.5	-0.5	1	0	
	x_6	49.3	-0.8	0	6.3	-0.9	0	1	

手順2 ペイオフ表を作成する．

手順1の結果をまとめると，表5.8のようなペイオフ表になる．

第5章 多目的な状況における数理モデル

表5.8 ペイオフ表

	x_1	x_2	x_3	$f_1(x)$	$f_2(x)$
$k=1$	1.5	0	0	7.5	3.0
$k=2$	0	0.6	0	1.8	3.0

手順3 最良な妥協解を求める．

表5.8のペイオフ表の結果を(5.1)式に代入する．つまり，

$$f(x) = \frac{7.5-(5x_1+3x_2+4x_3)}{7.5} + \frac{3.0-(2x_1+5x_2+x_3)}{3.0}$$
$$= 2 - 1.333x_1 - 2.067x_2 - 0.867x_3$$

となる．したがって，最良な**妥協解**を求めるには，以下の線形計画問題を解けばよい．

目的関数：

$$f(x) = 2 - 1.333x_1 - 2.067x_2 - 0.867x_3 \longrightarrow \text{MIN}$$

つまり，

$$-f(x) = -2 + 1.333x_1 + 2.067x_2 + 0.867x_3 \longrightarrow \text{MAX}$$

制約条件：

$$\left. \begin{array}{l} 2x_1 + 5x_2 + 3x_3 \leq 3 \\ 3x_1 + 2.5x_2 + 6x_3 \leq 40 \\ x_1 + 4.5x_2 + 9x_3 \leq 52 \\ x_1, \ x_2, \ x_3 \geq 0 \end{array} \right\}$$

制約条件式にスラック変数 x_4, x_5, x_6 を付け加えて（**手順1**と同じように）シンプレックス表を作ると，表5.9のようになる．これにより，最良な妥協解は $x^* = [x_1, \ x_2, \ x_3]^T = [1.5, \ 0, \ 0]^T$ となる．一方，この最良な妥協解におけ

る目的関数値 $f_1^*(x)$, $f_2^*(x)$ はそれぞれ次のようになる．

$$f_1^*(x) = 7.5$$
$$f_2^*(x) = 3.0$$

表5.9 シンプレックス表

ステップ	基底	b	x_1	x_2	x_3	x_4	x_5	x_6	θ
1	$f(x)$	2	-1.33	-2.07	-0.87	0	0	0	
	x_4	3	2	5	3	1	0	0	0.6
	x_5	40	3	2.5	6	0	1	0	16
	x_6	52	1	4.5	9	0	0	1	11.56
2	$f(x)$	3.24	-0.51	0	0.37	0.41	0	0	
	x_2	0.6	0.4	1	3	0.2	0	0	1.5
	x_5	38.5	3	0	4.5	-0.5	1	0	19.25
	x_6	49.3	-0.8	0	6.3	-0.9	0	1	
3	$f(x)$	4	0	1.27	1.13	0.67	0	0	
	x_1	1.5	1	2.5	1.5	0.5	0	0	
	x_5	35.5	0	-5	1.5	-1.5	1	0	
	x_6	50.5	0	2	7.5	-0.5	0	1	

5.4 目標計画法

Q 5-4 目標達成を成功させるには？

　CharnesとCooperによって体系づけられた数理モデルに**目標計画法**がある．このモデルは，目標が複数ある場合に，ある目標を完全に達成させるのではなく，できる限り達成するよう工夫して，目標の達成度合いを全体的に高めるという概念に基づいて最良な妥協解を得る手法である．ところで，このモデルは，具体的にどのような手順で処理するのであろうか？

A 5-4

そこで，目標計画法の具体的な例を，**多目標計画の最適化問題**により説明する．あるソフト会社で，商品（ソフト）を作成している．今のところ，3種類の商品（A，B，C）を2種類のソフト材料を使って作成している．すなわち，商品Aは，材料1を3単位，材料2を1単位使う．同様にして，商品Bは材料1を4単位，材料2を2単位，商品Cは材料1を2単位，材料2を3単位それぞれ使う．

一方，各商品の利益は，1本当り，Aが3万円，Bが2万円，Cが5万円である．また，材料1，2の総量はそれぞれ60単位，50単位とする．そこで，このソフト会社の利益を最大にするには，材料1，2の総量の範囲内で，各商品（A，B，C）をそれぞれいくら作ればよいのであろうか？

この問題は，線形計画法で定式化すると次のようになる．ただし，商品A，B，Cの個数をそれぞれ x_1, x_2, x_3 として，そのときに得られる総利益を $f(x)$ とする．

目的関数：

$$f(x) = 3x_1 + 2x_2 + 5x_3 \longrightarrow \text{MAX}$$

制約条件：

$$\left.\begin{array}{l} 3x_1 + 4x_2 + 2x_3 \leq 60 \\ x_1 + 2x_2 + 3x_3 \leq 50 \\ x_1, \ x_2, \ x_3 \geq 0 \end{array}\right\}$$

以上の問題は，線形計画法主問題として，シンプレックス法で解ける．そこで，制約条件式にスラック変数 x_4, x_5 を付け加えると次のようになる．

$$\left.\begin{array}{l} 60 = 3x_1 + 4x_2 + 2x_3 + x_4 \\ 50 = x_1 + 2x_2 + 3x_3 + x_5 \\ x_1, \ x_2, \ x_3 \geq 0 \end{array}\right\}$$

したがって，シンプレックス表を作ると表5.10になる．これにより最適解は，

5.4 目標計画法

$x_1=11.43$, $x_2=0$, $x_3=12.86$ で目的関数 $f(x)=98.57$ となる．すなわち，商品Aを11.43個，商品Cを12.86個製造すれば，この会社の利益は98.57万円となる．

表5.10 シンプレックス表

ステップ	基底	b	x_1	x_2	x_3	x_4	x_5	θ
1	$f(x)$	0	−3	−2	−5	0	0	
	x_4	60	3	4	2	1	0	30
	x_5	50	1	2	3	0	1	16.67
2	$f(x)$	83.33	−1.33	1.33	0	0	1.67	
	x_4	26.67	2.33	2.67	0	1	−0.67	11.45
	x_3	16.67	0.33	0.67	1	0	0.33	50.52
3	$f(x)$	98.57	0	2.86	0	0.57	1.29	
	x_1	11.43	1	1.14	0	0.43	−0.29	
	x_3	12.86	0	0.29	1	−0.14	0.43	

ところが，総利益だけを最大にする線形モデルではなく，次のような多目標を実現させるモデルは，目標計画法として定式化される．その多目標とは，例えば，

- 第1目標：この会社の総利益の目標を80万円にする．
- 第2目標：材料1，2の使用料はそれぞれ60単位，50単位を目標とする（未使用をなくすこと）．

である．さて，このような問題には**負の差異変数** d^- と**正の差異変数** d^+ を導入する．これらの**補助変数**は以下のように定義される．まず負の差異変数(d^-)は，目標値に達しないときの不足の大きさを示し，正の差異変数(d^+)は，目標値を超えたときの超過の大きさを示す．さて目標計画法では，目標値からの不足量 d^-，超過量 d^+ に分けてとらえ，その和の最小化を目的関数とするような線形計画問題となる．そしてこの問題は，シンプレックス法によって解くこ

とができる．ただし，これらの補助変数は，

$$d^- \cdot d^+ = 0$$
$$d^-, d^+ \geqq 0$$

が成り立つ．すなわち，d^- と d^+ のどちらか一方が，ある値をとるならば，それに対応するもう一方は，必ず0にならなければならないことを示している．したがって，完全に目標値に一致する計画が得られるならば，$d^- = d^+ = 0$ となる．

さて，この例における会社の総利益(目標値80万円)の補助変数を d_1^-，d_1^+ とすると，第1目標は次のように表現できる．

$$z_1 = d_1^- \longrightarrow \text{MIN}$$

一方，材料1，2の補助変数をそれぞれ，d_2^-，d_2^+ と d_3^-，d_3^+ とすると，第2目標は次のように表現できる．

$$z_2 = d_2^- + d_3^- \longrightarrow \text{MIN}$$

さらに，この例のように2つ以上の目標がある場合，優先度の高いものから順に並べ，優先順の係数 $P_k (k=1, 2, \cdots)$ を与える．すると，ここでの例の場合，目的関数は次のようになる．

$$z_0 = P_1 d_1^- + P_2 (d_2^- + d_3^-) \longrightarrow \text{MIN} \qquad (5.2)$$

また，制約条件としては，

$$\left.\begin{array}{l} 3x_1 + 2x_2 + 5x_3 + d_1^- - d_1^+ = 80 \\ 3x_1 + 4x_2 + 2x_3 + d_2^- - d_2^+ = 60 \\ x_1 + 2x_2 + 3x_3 + d_3^- - d_3^+ = 50 \\ x_1, x_2, x_3, d_1^-, d_1^+, d_2^-, d_2^+, d_3^-, d_3^+ \geqq 0 \end{array}\right\} \qquad (5.3)$$

となる．

5.4 目標計画法

　以上の目標計画法をシンプレックス法で解く．目標計画法におけるシンプレックス法の手順は以下に示すようになる(表 5.11 参照)．

1　(5.2)式の目的関数には 3 変数 d_1^-, d_2^-, d_3^- があり，これらを基底の変数とする．また，これらの変数の重み(P_1, P_2, P_3)を P_i の欄に記入する．ただし $P_1 > P_2$ (優先順位)となる．

2　第 1 行～第 3 行は，(5.3)式の係数をまとめて記入する．

3　x_1 列～d_3^+ 列までの値を計算する．例えば，x_1 列は $3P_1+3P_2+P_2$．すなわち，$3P_1+4P_2$ となる．また，d_1^-, d_2^-, d_3^- は欄外に P_1, P_2, P_3 があり，例えば d_1^- 列は，$P_1-P_1=0$ となる．ただし，欄外の P_1 はマイナス符号となる．

4　3で計算した値に正の値があるかどうか確認する(この場合，$3P_1+4P_2$, $2P_1+6P_2$, $5P_1+5P_2$)．この中で最大値(x_3 列の $5P_1+5P_2$)に注目し，その列にマークする．

5　6列の各数を x_3 列の正の数で割った値 θ を計算する($80/5=16$, $60/2=30$, $50/3=16.7$)．

6　θ の値の大小を比較し，最小値(d_1^- 行の 16.0)に注目して，その行(d_1^- 行)にマークする．

　以上でステップ 1 は終了する．そして，ステップ 2 の基底に新しく入ってくる変数(x_3)と，代わりに基底から出て行く変数(d_1^-)が決まる．そしてステップ 2 の基底は，x_3, d_2^-, d_3^- となる．ステップ 2 の基底の欄にこれらを記入し，これに伴う消去計算の操作7, 8を行う．

7　ステップ 1　第 1 行の x_3 列の数字 5 を 1 に代えて，ステップ 2 の第 1 行に送る．(ステップ 2 第 1 行)＝(ステップ 1 第 2 行)÷5 となる．

8　ステップ 1　第 1 行以外の x_3 列の数を 0 に変えて，ステップ 2 に送る．したがって，ステップ 2 の第 2 行，第 3 行，第 4 行はそれぞれ次のようになる．

第 5 章　多目的な状況における数理モデル

$(2.2)=(1.2)-(2.1)\times 2$

$(2.3)=(1.3)-(2.1)\times 3$

9　ステップ 2 において，ステップ 1 で行った操作 3 ～ 6 を繰り返す．

　この結果，ステップ 3 の基底に新しく入ってくる変数 (x_2) と，代わりに基底から出て行く変数 (d_3^-) が決まる．すなわち，ステップ 3 の基底は，x_3, d_2^-, x_2 となる．そしてあとは，前のステップと同じような消去計算 7, 8 を繰り返していく．次に，ステップ 3 において，ステップ 1 で行った操作 3 ～ 6 を繰り返す．この結果，ステップ 4 の基底に新しく入ってくる変数 (x_1) と，代わりに

表 5.11　シンプレックス表

ステップ	P_i	基底	b	x_1	x_2	x_3	P_1 d_1^-	P_2 d_2^-	P_3 d_3^-	d_1^+	d_2^+	d_3^+	θ	
1	P_1	d_1^-	80	3	2	5	1	0	0	-1	0	0	16.0	(1.1)
	P_2	d_2^-	60	3	4	2	0	1	0	0	-1	0	30.0	(1.2)
	P_2	d_3^-	50	1	2	3	0	0	1	0	0	-1	16.7	(1.3)
		値		$3P_1$ $+4P_2$	$2P_1$ $+6P_2$	$5P_1$ $+5P_2$	0	0	0	$-P_1$	$-P_2$	$-P_2$		
2		x_3	16	0.6	0.4	1.0	0.2	0	0	-0.2	0	0	40	(2.1)
	P_2	d_2^-	28	1.8	3.2	0	-0.4	1	0	0.4	-1.0	0	8.8	(2.2)
	P_2	d_3^-	2	-0.8	0.8	0	-0.6	0	1	0.6	0	-1	2.5	(2.3)
		値		P_2	$4P_2$	0	$-P_1$ $-P_2$	0	0	P_2	$-P_2$	$-P_2$		
3		x_3	15	1	0	1	0.5	0	-0.5	-0.5	0	0.5	15	(3.1)
	P_2	d_2^-	20	5	0	0	2.0	1	-4.0	-2.0	-1.0	4.0	4	(3.2)
		x_2	2.5	-1	1	0	-0.8	0	1.3	0.8	0	-1.3		(3.3)
		値		$5P_2$	0	0	$2P_2$ $-P_1$	0	$-5P_2$	$-2P_2$	$-P_2$	$4P_2$		
4		x_3	11	0	0	1	0.1	-0.2	0.3	-0.1	0.2	-0.3		(4.1)
		x_1	4	1	0	0	0.4	0.2	-0.8	-0.4	-0.2	0.8		(4.2)
		x_2	6.5	0	1	0	-0.4	0.2	0.5	0.4	-0.2	-0.5		(4.3)
		値					$-P_1$	$-P_2$	$-P_2$					

5.4 目標計画法

基底から出ていく変数(d_2^-)が決まる．すなわち，ステップ4の基底は，x_3, x_1, x_2となる．そして，前と同じような消去計算⑦，⑧を繰り返していく．

すなわち，目標計画法のシンプレックス法とは，ステップ1における①から⑥の操作，あるいはステップ2以降の消去計算と⑨の操作を繰り返し計算することである．そして最後は，操作③において計算した各値に正の値がなくなったとき計算は終了する．

例えば，ステップ4における操作③の値はすべて負の数($-P_1$, $-P_2$, $-P_2$)となる．したがって，最適解に達したことになる．最適解は，$x_1=4.0$, $x_2=6.5$, $x_3=11.0$ である．

すなわち，商品Aを4個，商品Bを6.5個，商品Cを11個製造すれば，第1目標（総利益を80万円にする）と第2目標（材料1，2の使用量をそれぞれ60単位，50単位にする）が達成できる．

第 6 章　複雑な状況における数理モデル

　本章では，複雑な状況における数理モデルとして，Thomas L. Saaty により提唱された意思決定手法(AHP)について紹介する．

6.1　意思決定と AHP

Q 6-1　決断の秘訣とは？

　人が，人生を歩んでいくことは，それこそ大変な重荷である．この変動の大きな，かつ価値観の多様な社会を生きぬくためには，豊富な情報量，冷静な分析力，機敏な行動力，ゆるぎない自信がなければならない．そして，ベストの意思決定を行うことにより，成功へのパスポートを手にすることができる．このような意思決定においては，多くの代替案の中からいくつかの評価基準に基づいて，一つあるいは複数の代替案を選ぶという場合が多い．考えてみれば，人の一生は選択行動の積み重ねであり，一種の意思決定の集合ともいえよう．
　このように重要な意思決定の一例として，有名なオーナー会社の社長の決断を紹介しよう．この社長は自分の後継者をどのようにして選べばよいか苦慮していた．そしてこの社長，いますぐに現職を辞め，後継者に道を譲るのではなく，いまから後継者を選び帝王学を勉強させ，10 年～15 年先に社長に就任させようと考えている．ところで，いま候補者に挙げられているのは 3 人である．実は，これら 3 人とも社外の人物である．社外の人物のほうが後継者に都合が

よいと考えたからである．

さて，候補に挙げられている3氏を順に紹介する．まず最初はA氏．超一流大学を首席で卒業した秀才で，現在は超一流銀行の本部課長職である．真面目で勉強家タイプ．2番目はB氏．高校しか出ていないが，商売で成功した若手の実業家である．いわゆるやり手で実力派タイプ．最後はC氏．某大学を卒業した後，証券会社に勤め，現在は経営コンサルタントとして活躍している．趣味が広く性格も温厚で好青年タイプ．

この社長，かなり悩んでいるのであるが，私が困るのは後継者の選び方を頭の中で整理していないことである．何が原因で悩んでいるかがつかみきれないと問題は解決されない．どうすればよいのであろうか？

A 6-1 そこで，この問題をAHPを使って解決することにしよう．**AHP**とは，1970年代にT. L. Saaty（ピッツバーグ大学教授）が提唱した不確定な状況や多様な評価基準における**問題解決型意思決定手法**である．このモデルは，問題の分析において主観的判断とシステムアプローチをうまくミックスした手法の1つである．

すなわちAHPは，これまでのOR手法では対処しきれなかった問題の解決を図るために開発されたものである．したがって，このモデルを使って問題を解決するには，まず問題の**要素**を

| 総合目的 | …… | 評価基準 | …… | 代替案 |

の関係でとらえて，**階層構造**を作り上げる．そして，総合目的から見て**評価基準の重要さ**を求め，次に各評価基準から見て代替案の重要度を評価し，最後には，これらを最終目標から見た代替案の評価に換算する．AHPは，この評価の過程で，経験や勘を生かして，これまではモデル化したり定量化したりするのがむずかしかった内容も扱えるようにしているのが特徴である．

すなわち，**AHP**(Analytic Hierarchy Process：階層分析法)は，次に示す3段階から成り立つ．

6.1 意思決定とAHP

(i) 第1段階(問題の階層化)

複雑な状況下にある問題を**階層構造**に分解する.ただし,階層の最上層は1個の**要素**からなり,**総合目的**である.それ以下のレベルでは意思決定者の主観的判断により,いくつかの要素が1つ上のレベルの要素との関係から決定される.なお,各**レベル**(総合目的を除いて)の要素の数は,(7 ± 2)が最大許容数となる.また,レベルの数は問題の構造によって決定されるもので,特に限界はない.最後に,階層の最下層に**代替案**を置く.

例えば,この例では代替案は3人の社長候補A氏,B氏,C氏である.次に評価基準として,先見性,決断力,指導力の3要素とする.このとき,この問題に関する階層構造は,図6.1のようになる.

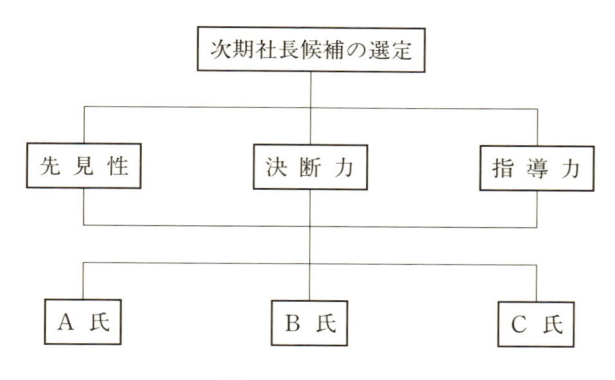

図 6.1 階層構造

(ii) 第2段階(要素の一対比較)

各レベルの要素間の重みづけを行う.つまり,あるレベルにおける要素間の**一対比較**を,1つ上のレベルにある関係要素を評価基準として行う.n を比較要素数とすると,意思決定者は $n(n-1)/2$ 個の一対比較をすることになる.さらに,この一対比較に用いられる値は,1/9, 1/8, …, 1/2, 1, 2, …, 8, 9 とする(個々の数字の内容は表 6.1 参照).

そこで,レベル2の3つの評価基準(先見性・決断力・指導力)が相対的にどれだけ次期社長候補の選定に影響しているかを,経験と勘で判断する.それに

は，これら3つの評価基準のうちの2つずつを比べて，表6.2のようにまとめる．例えば，先見性は決断力に比べてやや重要であると判断したので，1行2列は「3」となる(表6.2の○印)．

表6.1 重要性の尺度とその定義

重要性の尺度	定　義
1	同じくらい重要
3	やや重要
5	かなり重要
7	非常に重要
9	きわめて重要

(2, 4, 6, 8は中間のときに用いる
重要でないときは逆数を用いる)

表6.2 3つの評価基準の一対比較

	先見性	決断力	指導力
先見性	1	③	7
決断力	1/3	1	5
指導力	1/7	1/5	1

(AHPにおける**一対比較行列**においてはすべて
対称の位置の要素は逆数である．**逆数行列**)

次に，レベル3に示した3人の候補者を，1つ上のレベルの要素(評価基準)のおのおのについて比較する．その結果，表6.3に示すようになる．例えば，決断力に関して，B氏はC氏に比べてかなり優れている(重要である)と判断したので，表6.3(2)のマトリックス(行列)の2行3列は「5」となる(表6.3(2)の○印)．一方，指導力に関してA氏はB氏に比べてかなり優れていると判断したので，表6.3(3)のマトリックスの1行2列は「5」となる．以下同様にして，3つの表を作成した．

表6.3 3つの評価基準に関する各代替案の一対比較

(1) 先見性

	A	B	C
A	1	3	1/3
B	1/3	1	1/7
C	3	7	1

(2) 決断力

	A	B	C
A	1	3	7
B	1/3	1	⑤
C	1/7	1/5	1

(3) 指導力

	A	B	C
A	1	⑤	1/3
B	1/5	1	2
C	3	1/2	1

6.1 意思決定とAHP

(iii) 第3段階(優先度の計算)

以上のようにして得られた各レベルの**一対比較行列**(既知)から，各レベルの要素間の重み(未知)を計算する．これには，線形代数の固有値の考え方を使う．このようにして，各レベルの要素間の重み付けが計算されると，この結果を用いて階層全体の重み付けを行う．これにより，総合目的に対する代替案の優先順位が決定する．

まず，この例におけるレベル2の3つの評価基準の総合目的に関する**重み**(W)は，表6.2の行列の**固有ベクトル**として，次のように求められる．

$$W^T = (0.649,\ 0.279,\ 0.072)$$

ただし，AHPの数学的背景や，もう少し詳しく知りたい人は，拙著『AHPの理論と実際』『入門AHP』(ともに日科技連出版社刊)を参照願いたい．また，Wを求める**簡易計算法**は，A6-2 を参照してほしい．

次に，レベル3の各社長候補者のレベル2の各評価基準に関する重みを求める．例えば，先見性に関する3候補者の重み(評価) w_1 は次のように求められる(表6.3(1)の行列の固有ベクトル)．

$$w_1^T = (0.243,\ 0.088,\ 0.669)\quad :\quad 先見性$$

つまり，C氏が最も先見性に富んでいることがわかる．

同様にして，他の2つの評価基準に関する3候補の重み(評価) w_2, w_3 は次のようになる(表6.3(2)(3)の行列の固有ベクトル)．

$$w_2^T = (0.649,\ 0.279,\ 0.072)\quad :\quad 決断力$$
$$w_3^T = (0.110,\ 0.581,\ 0.309)\quad :\quad 指導力$$

ただし，W^T 等の T は**転置行列**(行と列を逆に示す)を表わしている．

最後に，それらをまとめて，A，B，C 3氏の**総合評価**(X)は以下に示すようになる．

$$X = [w_1,\ w_2,\ w_3]W$$

$$= \text{B} \begin{bmatrix} 先見性 & 決断力 & 指導力 \\ 0.243 & 0.649 & 0.110 \\ 0.088 & 0.279 & 0.581 \\ 0.669 & 0.072 & 0.309 \end{bmatrix} \begin{bmatrix} 0.649 \\ 0.279 \\ 0.072 \end{bmatrix}$$

$$= \begin{matrix} \text{A} \\ \text{B} \\ \text{C} \end{matrix} \begin{bmatrix} 0.347 \\ 0.177 \\ 0.476 \end{bmatrix}$$

したがって，C氏が次期社長になることが望ましいと思われる．

Q 6-2　決断の手順とは？

A 6-1 において，重みを求めるために，各一対比較行列の固有ベクトルを計算した．この固有ベクトルを求める計算法はどのような手順なのであろうか？

A 6-2

そこで，表6.2に示した行列の固有ベクトルを求める**簡易計算法**について説明する．ただし，正確な計算結果は，次ページの脚注に紹介している **AHP ソフト**を使用して求めていただきたい．

さて，まずこの行列を表6.4に示す．この表に従って，次のように計算する．

表6.4　簡易計算法(固有ベクトル)

(Ⅰ)	先見性	決断力	指導力	幾何平均	重み
先見性	1	3	7	$\sqrt[3]{1\times3\times7}=2.759$	$2.759/4.251=0.649$
決断力	1/3	1	5	$\sqrt[3]{1/3\times1\times5}=1.186$	$1.186/4.251=0.279$
指導力	1/7	1/5	1	$\sqrt[3]{1/7\times1/5\times1}=0.306$	$0.306/4.251=0.072$
				計　4.251	

6.1 意思決定とAHP

(ⅰ) 行列のヨコの数字の幾何平均を計算する．この場合は，ヨコに並んだ3つの数字を掛けてその3乗根を計算する．この値が**固有ベクトル**である．
(ⅱ) (ⅰ)で得られた3個の**幾何平均**の値を加える．
(ⅲ) (ⅱ)で得られた値で，(ⅰ)で得られた3つの幾何平均値をそれぞれ割る．この値がこの行列の正規化された(和が1になる)固有ベクトルとなり，各評価基準の重みとなる(W)．

この結果，次期社長候補の選定基準は先見性にあり，約65％の影響力をもつことがわかる．次に，決断力，指導力と続きそれぞれ約28％，約7％の影響力をもつことがわかる．

次に，各評価基準に関する重み(評価値 w_1, w_2, w_3)も同様にして求めることができる(一対比較行列は表6.3 (1) (2) (3))．

なお，これらの**一対比較行列**は**逆数行列**であるが，意思決定者の答える一対比較において首尾一貫性のある答えを期待するのは不可能である．そこで，このあいまいさ(**不整合性**)の尺度として，**コンシステンシー指数**を定義する．このことを表6.2に示した行列を例にして説明する．

ところで，この行列は，以下に示す3つの情報を同時に有している．
① 先見性は決断力に比べて「やや重要である(3)」
② 先見性は指導力に比べて「非常に重要である(7)」
③ 決断力は指導力に比べて「かなり重要である(5)」

ただし対称要素が逆数になっているのは，比較する順序が逆になっているからである．

さて，これら3つの情報(①②③)に**首尾一貫性(整合性)**があるかどうかを検討する．

AHPにおける一対比較は，総当たりで行うことにより，より精巧な値を導出

注) AHPソフトの販売先は，例えば以下に示すようなものがある．
1.「ねまわしくん」，㈱日本科学技術研修所，TEL：03-5379-5210，FAX：03-5379-1911
2.「従来型AHPシステム」「絶対評価法システム」「外部従属法システム」「ANPシステム」「不完全一対比較行列計算ソフト」，大栄広告事業社，FAX：078-331-5210

しようとする意図がある．もしそうでなければ(先ほどの例でいえば)，先見性と決断力，先見性と指導力の2つの一対比較だけで十分だからである．なぜなら，決断力と指導力の一対比較値は先の2つの一対比較から導出されるからである．

しかし，そのために(一対比較を総当たりで行うと)たがいの一対比較値が矛盾をまねいてしまう恐れがある．例えば，この例の3つの情報(①②③)において，③だけが決断力は指導力に比べて「かなり重要ではない(1/5)」という一対比較値になれば首尾一貫性は保たれなくなる．

このようなミス情報を排除するために，Saatyは**コンシステンシー指数(整合度指数 C.I.)** という概念を導入した．この指数(C.I.)は，

$$\text{C.I.} = \frac{\lambda - n}{n - 1}$$

のように表わされる．n は要素の数(この例では3)であり，λ はこの行列の**固有値**(正確には**最大固有値**)である．ただし，詳しい内容は『ＡＨＰの理論と実際』『入門 AHP』(ともに日科技連出版社刊)を参照願いたい．

すなわち，Saatyは一対比較行列の固有値を計算することにより，ミス情報を検出しようと試みたのである．そして，C.I. の値は0.1(場合によっては0.15)以下であれば合格とすることを経験則より提案している．

そこで，次にこの行列の固有値を求める簡易計算法について説明する(表6.4，6.5参照)．

表6.5 簡易計算法(固有値)

(III)

	先見性	決断力	指導力	ヨコの合計	ヨコの計・各要素の重み
先見性	0.649	0.837	0.504	1.990	1.990/0.649＝3.066
決断力	0.216	0.279	0.360	0.855	0.855/0.279＝3.065
指導力	0.093	0.056	0.072	0.221	0.221/0.072＝3.069

平均　9.2/3＝3.067

（ⅰ） 表6.4の一対比較行列（Ⅰ）のタテの値(列の値)に各評価基準の重み（Ⅱ）を掛けて表6.5（Ⅲ）を作る．
（ⅱ） 表6.5（Ⅲ）のヨコ(行)の合計を計算する．
（ⅲ） （ⅱ）で得られたヨコの合計を各評価基準の重みで割る．このようにして得られた3つの値(3.066, 3.065, 3.069)の平均値3.067が，表6.4（Ⅰ）の行列の固有値となる．
（ⅳ） したがって整合度C.I.は，

$$\text{C.I.} = \frac{3.067 - 3}{3 - 1} = 0.0335$$

となる．整合性の評価は0.1以下となり，合格といえる．

6.2 絶対評価法

Q 6-3 多くのものを同時に評価するには？

A 6-1 で説明した従来のAHPでは，各評価基準に関する各代替案の評価を各代替案間の一対比較で行った．Saatyは，このやり方を**相対評価法**と呼んでいる．ところがこの方法では，次に挙げるような問題点が指摘されている．
（ⅰ） 代替案が追加されたとき，もう一度代替案間の一対比較をやり直さなければならない．
（ⅱ） 代替案が追加されたとき，代替案の順序が逆転する場合がある．
（ⅲ） 代替案の数が多くなると，一対比較の数がきわめて多くなり，1人の観測者では一度に処理(一対比較)するのは困難になる．しかも整合性C.I.(首尾一貫性)が悪くなることが認められている．

このようなときは，どのようにすればよいのであろうか？

A 6-3 そこでSaatyは Q 6-3 に示した（ⅰ）〜（ⅲ）のような不都合を解消するため，絶対評価法を提唱している．

この方法では，各評価基準に対する各代替案の評価は，相対評価ではなく絶対評価で行うのである．すなわちこの方法は，各評価基準の一対比較だけが必要であり，各評価基準に関する各代替案の一対比較は必要でない．

このような**絶対評価法**の特徴は，問題点（ⅰ）（ⅱ）（ⅲ）を克服したところにあるが，この手法の手順を A6-1 で説明した次期社長候補の選定を例にとり紹介しよう．

ただし，評価基準は前例どおり（先見性，決断力，指導力）とし，代替案は新たな社長候補（A，B，C，D，E，F）とする．そして，各社長候補（代替案）の総合評価値を算出するのである．

(ⅰ) 第1段階

この問題に関する階層構造を図6.2に示す．すなわち，レベル1に総合目的である「次期社長候補の選定」を，そしてレベル2に3つの評価基準「先見性」「決断力」「指導力」を，そして最後にレベル3に6つの代替案（A，B，C，D，E，F）をそれぞれ置く．

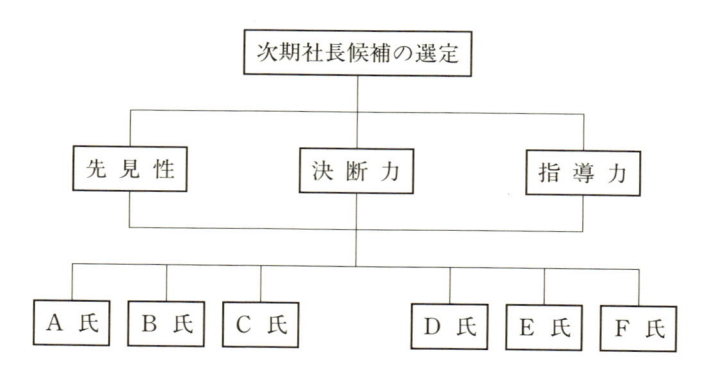

図6.2 階層構造

次に，「次期社長候補の選定」に関する3つの評価基準の一対比較を行う．その結果は，表6.2と同じとする．したがって，3つの評価基準の重みWは，

$$W^T = (0.649,\ 0.279,\ 0.072)$$

6.2 絶対評価法

となる.また,整合度 C.I. は 0.0335 であり,有効性があるといえる.

(ii) 第2段階

相対評価法では,次に各評価基準に関して各代替案の一対比較を行った.しかし,絶対評価法では,各評価基準に関して絶対的評価水準を設定する.本例の場合,表6.6のように仮定した.例えば,「先見性」の評価水準は(とてもよい・よい・普通・悪い)というように4段階で評価している.

表6.6 評価水準の設定

先見性	決断力	指導力
とてもよい		
よい	よい	よい
普通	普通	普通
悪い	悪い	悪い

そこで,各評価基準に関してどの程度よいのか,悪いのかを定量的に計算する.そのために,各評価基準ごとに評価水準間の一対比較を行う.

例えば,「先見性」に関していえば,「とてもよい」は「よい」等に比べてどれくらいよいか等を一対比較する.その結果は,表6.7に示すとおりである(この場合,「決断力」と「指導力」は同じ一対比較行列であったが,それぞれ異なってもよい).ただし,これらの数字の意味も従来の AHP と同じ定義である.

ところで,表6.7に示した2つの一対比較行列の固有ベクトル(重み)は,各行列の右端に示したとおりである.

次に各代替案(A, B, …, F)の評価を,3つの評価基準ごとに表6.6に示した評価水準に従って行った.その結果は表6.8に示す.例えば,A氏は,「先見性」に関しては「とてもよい」で,「決断力」に関しては「よい」で,「指導力」に関しては「悪い」である.

さらに,評価基準 j における代替案 i の評価値 a_{ij} を評価基準 j における最大評価値 $a_{j\max}$ で割った値を S_{ij} とする.この S_{ij} を評価基準 j における代替案 i の新たな**評価値**とする.

第6章 複雑な状況における数理モデル

表6.7 評価水準間の一対比較

先見性

	とてもよい	よい	普通	悪い	重み w_1
とてもよい	1	3	5	7	0.565
よい	1/3	1	3	5	0.262
普通	1/5	1/3	1	3	0.118
悪い	1/7	1/5	1/3	1	0.055

C.I.=0.04

決断力・指導力

	よい	普通	悪い	重み w_2
よい	1	4	6	0.701
普通	1/4	1	2	0.193
悪い	1/6	1/2	1	0.106

C.I.=0.005

表6.8 評価の結果

評価基準 / 代替案	先見性	決断力	指導力
A	とてもよい	よい	悪い
B	普通	普通	よい
C	とてもよい	悪い	悪い
D	とてもよい	悪い	よい
E	よい	よい	よい
F	悪い	普通	悪い

すなわち,

$$S_{ij} = \frac{a_{ij}}{a_{j\max}}$$

6.2 絶対評価法

となる．例えば，「先見性」に関するE氏の評価は，「よい」である．したがって，w_1 の第2成分 (0.262) が a_{51} となり，この評価基準に関する**最大評価値** $a_{1\max}$ が第1成分 (0.565) となる．つまり，

$$S_{51} = \frac{a_{51}}{a_{1\max}} = \frac{0.262}{0.565}$$

となる．

このようにして，**評価マトリックス** S_{ij} (表6.9) が決定する．

表6.9 評価マトリックス

	先見性	決断力	指導力
A	$\frac{0.565}{0.565}$	$\frac{0.701}{0.701}$	$\frac{0.106}{0.701}$
B	$\frac{0.118}{0.565}$	$\frac{0.193}{0.701}$	$\frac{0.701}{0.701}$
C	$\frac{0.565}{0.565}$	$\frac{0.106}{0.701}$	$\frac{0.106}{0.701}$
D	$\frac{0.565}{0.565}$	$\frac{0.106}{0.701}$	$\frac{0.701}{0.701}$
E	$\frac{0.262}{0.565}$	$\frac{0.701}{0.701}$	$\frac{0.701}{0.701}$
F	$\frac{0.055}{0.565}$	$\frac{0.193}{0.701}$	$\frac{0.106}{0.701}$

(iii) **第3段階**

以上の結果より，レベル2の各評価基準の重み付けと各評価基準から見た各代替案の評価 (評価マトリックス) が計算された．この結果から，各代替案の**総合評価値** (X_i) は，次式により求めることができる．

$$X_i = S_{ij} \times W$$

この結果は，表6.10に示すとおりである．したがって，各評価基準すべてに最高の評価を得た代替案の総合評価値は1.0となる．

表6.10 総合評価値

代替案	総合評価値
A	0.939
B	0.284
C	0.702
D	0.763
E	0.652
F	0.151

これにより，次期社長候補の選定に関する総合評価値の順序は，A氏，D氏，C氏，E氏，B氏，F氏となる．

6.3 内部従属法

Q 6-4 影響しあった基準で評価するには？

A 6-1 と A 6-3 で分析した同じテーマ（次期社長候補の選定）において，3つの評価基準（先見性・決断力・指導力）が独立（従来のAHP手法ではこの独立性が前提である）ではなく，互いに相互従属（影響）しているときは，どのようにすればよいのか？ また，従来のAHP手法（相対評価法，絶対評価法）は使えないのであろうか？

A 6-4 従来のAHP手法では，相対評価法であれ絶対評価法であれ，分析する際に次のような独立条件を仮定している．

（ⅰ） 同一レベルにある評価基準間（あるいは代替案間）は互いに独立している．

（ⅱ） 各レベルは互いに独立している．

ところが，これらの仮定がくずれる場合は，次のような手法で対応しなけれ

6.3 内部従属法

ばならない．

（i） 同一レベルにある評価基準間（あるいは代替案間）において従属性（相互影響）がある場合……**内部従属法**（図6.3）

（ii） 各レベル間において従属している場合……**外部従属法**（図6.3）

（iii） （i）（ii）が同時に起こった場合……**内部・外部従属法**（図6.3）

そこで，A6-4 では A6-3 の例を元に絶対評価法における**内部従属法**（評価基準間）を取り上げる．

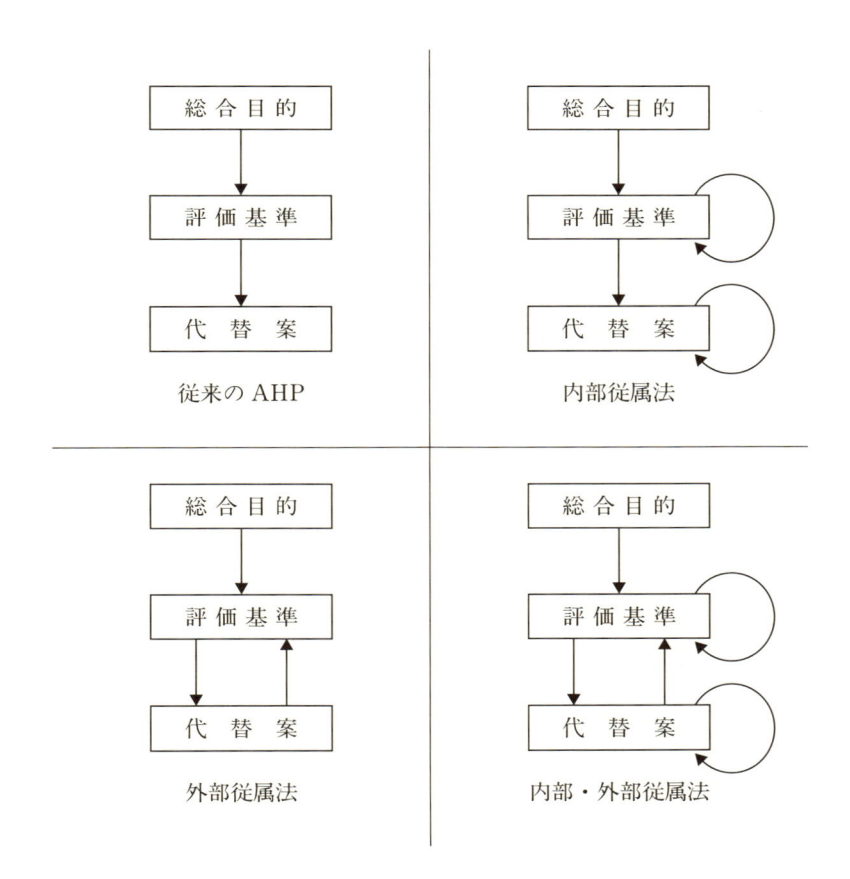

図6.3 AHPにおける種類の型

第6章　複雑な状況における数理モデル

この問題は，次期社長候補の選定における3つの評価基準間に内部従属がある場合である．そこで，問題を評価基準間における内部従属法により分析することにする．

(i) 第1段階

次期社長候補の選定に関する階層構造を図6.4に示す．次に3つの評価基準間の一対比較を行う．この結果は，A6-1 の表6.2と同じである．すなわち，最初は各評価基準間が独立であると想定して重みW(固有ベクトル)を求めるのである．

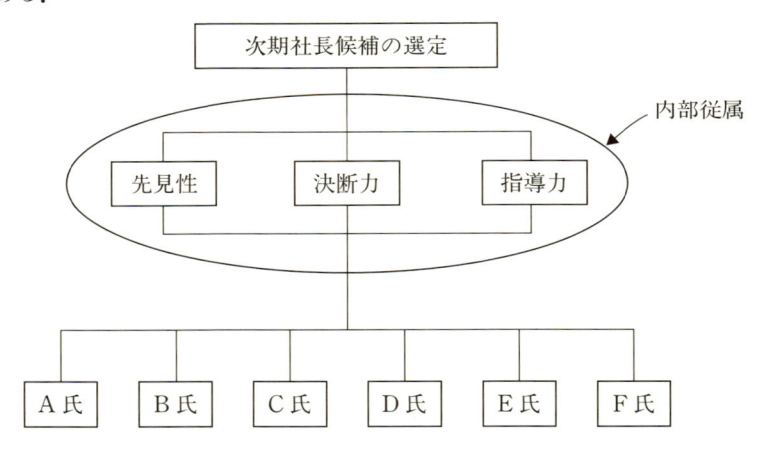

図6.4　階層構造

(ii) 第2段階

従来の方法では，この固有ベクトルが3つの評価基準の重みである．しかしこの例では，これら3つの評価基準間に従属関係があると考える．その様子は図6.5に示すとおりである．例えば，「先見性」は，他の評価基準(「決断力」「指導力」)からも影響を受けていることがわかる．

これらの影響(従属性)の強さを一対比較した結果は，表6.11に示したとおりである(ただし，一対比較に用いる数字は従来のAHP手法と同一である)．したがって，「先見性」は先見性(0.740)だけでなく，決断力(0.166)と指導力

6.3 内部従属法

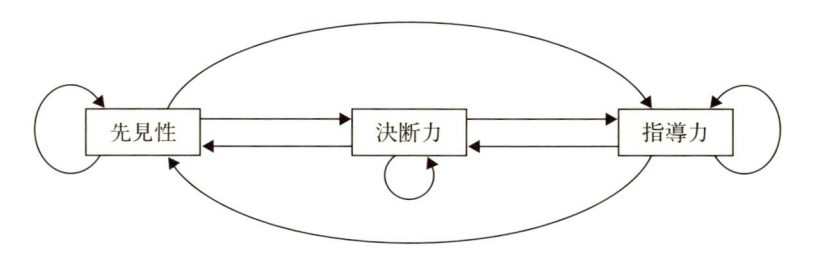

図 6.5 評価基準間の従属関係

表 6.11 従属関係の一対比較

先見性

	先見性	決断力	指導力	重み
先見性	1	5	7	0.740
決断力	1/5	1	2	0.166
指導力	1/7	1/2	1	0.094

決断力

	先見性	決断力	指導力	重み
先見性	1	1/3	2	0.230
決断力	3	1	5	0.648
指導力	1/2	1/5	1	0.122

指導力

	先見性	決断力	指導力	重み
先見性	1	2	1/2	0.286
決断力	1/2	1	1/4	0.143
指導力	2	4	1	0.571

(0.094)からそれぞれ影響を受けている．

次に，「決断力」「指導力」も同様の計算を行い（表 6.11 参照），これら 3 つの

評価基準間の従属関係をマトリックスの形で整理すると表6.12のようになる．

表 6.12 従属マトリックス(M)

	先見性	決断力	指導力
先見性	0.740	0.230	0.286
決断力	0.166	0.648	0.143
指導力	0.094	0.122	0.571

以上の結果，従属関係を表わすマトリックス(M)と各評価基準が独立であると仮定したときの重み(W)から，真の各評価基準の重み(従属関係を考慮した重みW_c)は次に示すようになる．

$$W_c = M \cdot W$$
$$= \begin{bmatrix} 0.740 & 0.230 & 0.286 \\ 0.166 & 0.648 & 0.143 \\ 0.094 & 0.122 & 0.571 \end{bmatrix} \begin{bmatrix} 0.649 \\ 0.279 \\ 0.072 \end{bmatrix} = \begin{bmatrix} 0.565 \\ 0.299 \\ 0.136 \end{bmatrix}$$

(iii) **第3段階**

レベル2の各評価基準の真の重み W_c と，各評価基準から見た各代替案の評価(A6-3 と同じ．表6.9参照)から，各代替案の総合評価値が計算できる(A6-3 と同じ方法)．

この結果は，表6.13に示すとおりである．

表 6.13 総合評価値

代替案	総合評価値
A	0.885
B	0.336
C	0.631
D	0.746
E	0.697
F	0.158

6.4 外部従属法

Q 6-5 相互評価とは？

A 6-1 と A 6-3 と A 6-4 で分析した同じテーマ(次期社長候補の選定)において，3つの評価基準(先見性・決断力・指導力)の重みが，代替案(次期社長候補A氏，B氏，C氏)に共通したものでなく(従来のAHP手法では，各評価基準の重みは，すべての代替案に共通であった)，A氏，B氏，C氏3人をそれぞれ評価する際に異なるときは，どのようにすればよいのか？ 従来のAHP手法(相対評価法，絶対評価法)は使えないのであろうか？ ただし，代替案は，新たな社長候補(A，B，C)とする．

A 6-5 この問題は，次期社長候補の選定において，評価基準と代替案間に外部従属がある場合である．そこで問題を A 6-4 で説明した**外部従属法**により分析することにする．ところで，この手法は異なるレベル間の各要素に従属性があるとき，その関係を同時に表現するスーパーマトリックスを用いて分析するものである．手順は，以下に示す3段階より成り立つ．

(i) 第1段階

次期社長候補の選定に関する階層構造は図6.6に示す．まず，レベル1に総合目的を，レベル2に3つの評価基準を，最後にレベル3に3つの代替案(A氏，B氏，C氏)をそれぞれ置く．

次に，3つの評価基準(先見性・決断力・指導力)間の一対比較を行う．ところで，前述したように従来のAHP手法では，この一対比較は，1つのマトリックスで表現できた(各代替案に共通であったから)．しかし，この例では3代替案によって異なる．したがって，各代替案に関する3つの評価基準の一対比較を行った．その結果は，表6.14に示すとおりである．

110　　　第6章　複雑な状況における数理モデル

```
         ┌──────────────────┐
         │ 次期社長候補の選定 │
         └──────────────────┘
         ┌────────┬─────────┐
    ┌────┴───┐ ┌──┴───┐ ┌───┴────┐
    │ 先見性 │ │決断力│ │ 指導力 │
    └────────┘ └──────┘ └────────┘
    ┌────────┬─────────┐
┌───┴──┐ ┌───┴──┐ ┌────┴──┐
│ A氏  │ │ B氏  │ │ C氏   │
└──────┘ └──────┘ └───────┘
```

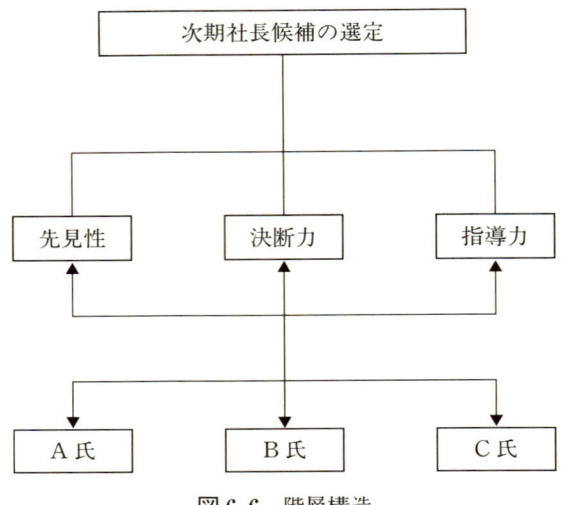

図6.6　階層構造

表6.14　評価基準の一対比較

A氏から見た一対比較

	先見性	決断力	指導力
先見性	1	2	3
決断力	1/2	1	2
指導力	1/3	1/2	1

C.I.＝0.005

B氏から見た一対比較

	先見性	決断力	指導力
先見性	1	2	1/3
決断力	1/2	1	1/5
指導力	3	5	1

C.I.＝0.002

C氏から見た一対比較

	先見性	決断力	指導力
先見性	1	3	1
決断力	1/3	1	1/3
指導力	1	3	1

C.I.＝0

この結果，A氏を評価するときの各評価基準の重み w_1 は，

$$w_1^T = (0.540,\ 0.297,\ 0.163)$$

であり，以下，B氏，C氏を評価するときの各評価基準の重み w_2, w_3 はそれぞれ

$$w_2^T = (0.230,\ 0.122,\ 0.648)$$
$$w_3^T = (0.429,\ 0.142,\ 0.429)$$

6.4 外部従属法

となる．

(ii) 第2段階

次に，各評価基準に関して，3代替案(A氏，B氏，C氏)の評価を一対比較で行う．これは，従来のAHP手法と同じである．この結果は，表6.15に示したとおりである．これら3つのマトリックスの固有ベクトルを計算すると，以下のようになる．まず，先見性に関する3代替案(A氏，B氏，C氏)の評価ウェイト w_4 は，

$$w_4{}^T = (0.571, \; 0.143, \; 0.286)$$

であり，「決断力」，「指導力」に関する3代替案の評価ウェイト w_5, w_6 は，それぞれ，

$$w_5{}^T = (0.230, \; 0.648, \; 0.122)$$
$$w_6{}^T = (0.200, \; 0.200, \; 0.600)$$

となる．

表6.15 代替案の一対比較

先見性に関する評価

	A	B	C
A	1	4	2
B	1/4	1	1/2
C	1/2	2	1

C.I.=0

決断力に関する評価

	A	B	C
A	1	1/3	2
B	3	1	5
C	1/2	1/5	1

C.I.=0.002

指導力に関する評価

	A	B	C
A	1	1	1/3
B	1	1	1/3
C	3	3	1

C.I.=0

(iii) 第3段階

レベル2，3の要因間の重み付けが計算されると，この結果より階層全体の重み(総合評価)が計算できる．

まず，レベル2の各評価基準の重みは3種類あるが，代替案A氏に関する重

みを共通の尺度とすると，総合評価 X は次のようになる．

$$X = [w_4, \ w_5, \ w_6] \, w_1$$

$$= \begin{array}{c} \\ A \\ B \\ C \end{array} \begin{array}{ccc} \text{先見性} & \text{決断性} & \text{指導力} \\ \left[\begin{array}{ccc} 0.571 & 0.230 & 0.200 \\ 0.143 & 0.648 & 0.200 \\ 0.586 & 0.122 & 0.600 \end{array} \right] & & \end{array} \left[\begin{array}{c} 0.540 \\ 0.297 \\ 0.163 \end{array} \right]$$

$$= \begin{array}{c} A \\ B \\ C \end{array} \left[\begin{array}{c} 0.409 \\ 0.302 \\ 0.289 \end{array} \right]$$

この結果，この仮定の下ではA氏が次期社長候補となる．ところで，外部従属法による計算には**スーパーマトリックス**という特殊な行列を使う．この行列は，各評価基準の重みと各代替案の重みの関係を1つの行列に表現するものであり，従来の AHP もこの行列を使って解くことができる．

上記の例をスーパーマトリックスに当てはめると，以下のようになる．

	先見性	決断力	指導力	A	B	C
先見性	0	0	0	0.540	0.540	0.540
決断力	0	0	0	0.297	0.297	0.297
指導力	0	0	0	0.163	0.163	0.163
A	0.571	0.230	0.2	0	0	0
B	0.143	0.648	0.2	0	0	0
C	0.286	0.122	0.6	0	0	0

(上記は $W=$ のスーパーマトリックス)

そして，このスーパーマトリックスの無限大乗(この行列を何回も掛け合わせる)は，ある一定の値に収束することが示されている．この例の場合，次のようになる．

6.4 外部従属法

$$W^\infty = \begin{array}{c} \\ \text{先見性} \\ \text{決断力} \\ \text{指導力} \\ A \\ B \\ C \end{array} \begin{array}{cccccc} \text{先見性} & \text{決断力} & \text{指導力} & A & B & C \\ \left[\begin{array}{cccccc} 0 & 0 & 0 & 0.540 & 0.540 & 0.540 \\ 0 & 0 & 0 & 0.297 & 0.297 & 0.297 \\ 0 & 0 & 0 & 0.163 & 0.163 & 0.163 \\ 0.409 & 0.409 & 0.409 & 0 & 0 & 0 \\ 0.302 & 0.302 & 0.302 & 0 & 0 & 0 \\ 0.289 & 0.289 & 0.289 & 0 & 0 & 0 \end{array} \right] \end{array}$$

この結果は，前述した総合評価値 X，

$$X^T = (0.409,\ 0.302,\ 0.289)$$

と一致する．

次に，3代替案（A氏，B氏，C氏）ごとの評価基準の重みを考慮すると，スーパーマトリックスは以下のようになる（外部従属法による計算）．

$$W = \begin{array}{c} \\ \text{先見性} \\ \text{決断力} \\ \text{指導力} \\ A \\ B \\ C \end{array} \begin{array}{cccccc} \text{先見性} & \text{決断力} & \text{指導力} & A & B & C \\ \left[\begin{array}{cccccc} 0 & 0 & 0 & 0.540 & 0.230 & 0.429 \\ 0 & 0 & 0 & 0.297 & 0.122 & 0.142 \\ 0 & 0 & 0 & 0.163 & 0.648 & 0.429 \\ 0.571 & 0.230 & 0.2 & 0 & 0 & 0 \\ 0.143 & 0.648 & 0.2 & 0 & 0 & 0 \\ 0.286 & 0.122 & 0.6 & 0 & 0 & 0 \end{array} \right] \end{array}$$

したがって，このスーパーマトリックスの無限大乗 W^∞ を求めると以下のようになる．

第6章　複雑な状況における数理モデル

$$W^\infty = \begin{array}{c} \\ \text{先見性} \\ \text{決断力} \\ \text{指導力} \\ A \\ B \\ C \end{array} \begin{array}{c} \text{先見性} \; \text{決断力} \; \text{指導力} \quad A \quad\; B \quad\; C \end{array} \\ \left[\begin{array}{cccccc} 0 & 0 & 0 & 0.417 & 0.417 & 0.417 \\ 0 & 0 & 0 & 0.192 & 0.192 & 0.192 \\ 0 & 0 & 0 & 0.391 & 0.391 & 0.391 \\ 0.360 & 0.360 & 0.360 & 0 & 0 & 0 \\ 0.263 & 0.263 & 0.263 & 0 & 0 & 0 \\ 0.377 & 0.377 & 0.377 & 0 & 0 & 0 \end{array}\right]$$

この結果，総合評価はC氏(0.377) ＞ A氏(0.360) ＞ B氏(0.263)となり，C氏が次期社長候補となる．ただし，各評価基準の重みは，先見性(0.417)，指導力(0.391)，決断力(0.192)に収束することがわかる．

第 7 章 あいまいな状況における数理モデル

　本章では，あいまいな状況における数理モデルとして，ファジィ集合，ファジィ数と拡張原理，ファジィ行列，ファジィ積分について説明する．ファジィ手法は，1965 年に L. A. Zadeh がその基本的概念を提唱してから 30 数年がたった．そして現在では，ファジィ理論に関する国際学会(IFSA)も設立され，その研究の範囲についても成果が整理されてきており，新しい現実の問題への実用的展開が試みられている．

7.1　ファジィ集合と拡張原理

Q 7-1　あいまいな状況とは？

　F氏は，自宅から勤務先までマイカーで通っている．ところが，通勤ルートが2通りある．どちらを選択すればよいか迷っているのであるが，それら2ルートは，図7.1に示すとおりである．すなわち，ルートⅠ(A→B→C→D)とルートⅡ(A→B→D)である．また，それぞれの区間のおおよその所要時間は，図7.1に示したとおりである．したがって，ルートⅠの所要時間は35分くらい(10分+15分+10分)であり，ルートⅡの所要時間は40分くらい(10分+30分)である．その結果，F氏は，ルートⅠを選択すればよいと考えた．さて，それでよいのであろうか？

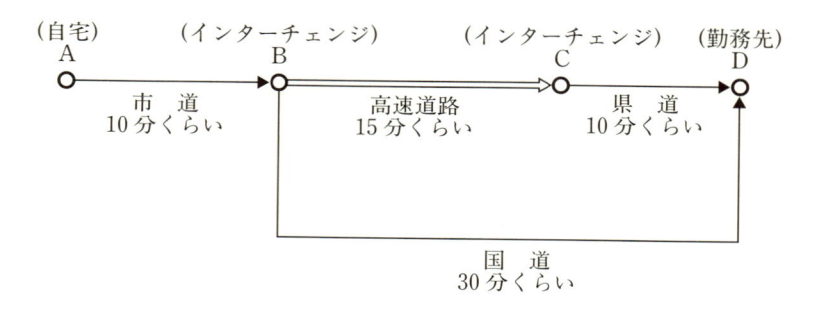

```
(自宅)      (インターチェンジ)      (インターチェンジ)      (勤務先)
  A              B                       C                    D
  ○─────────────→○──────────────────→○──────────────→○
       市 道              高速道路              県 道
     10分くらい           15分くらい           10分くらい
                 ○──────────────────────────────────↑
                              国　道
                            30分くらい
```

図 7.1　通勤ルート

A 7-1 ある要素が，ある集合に所属している度合いを 0 と 1 との間の 1 つの数値として表わすという考えがある．例えば，完全に属している場合に 1，完全に属していない場合に 0，そして属している度合いに従ってその中間の値を与えようというものである．すなわち，その所属の度合いを 0 と 1 との間の任意の数値として認めるような集合が**ファジィ集合**である．一方，従来の集合(**クリスプ集合**)は，ある要素がある集合に属しているか 1，属していないか 0 のいずれかである．

例えば，U を全体集合とし，x を U の要素とする．このとき，U 上のファジィ集合 A は**メンバーシップ関数** $\mu_A(x)$ (**帰属度関数**)によって表現される．

$$\mu_A(x) : U \longrightarrow [0,\ 1]$$

この関数 $\mu_A(x)$ は，x が集合 A に属する程度を示している．例えば，$\mu_A(x)$ の値が 0 のとき x は A に全く属さず，逆に $\mu_A(x)$ の値が 1 のときは x は完全に A に属している．また例えば $\mu_A(x)$ の値が 0.5 といった場合には，要素 x が集合 A にそれなりに属することを示している．この**ファジィ集合**は一般に，以下のような表記法を用いて表現されることが多い．

$$A = \int_x \mu_A(x)/x \quad (x\text{が}\textbf{連続量})$$

7.1 ファジィ集合と拡張原理

あるいは,

$$A = \sum_{i=1}^{n} \mu_A(x_i)/x_i \quad (x\text{が}\textbf{離散量})$$

このような表現方法を用いれば，従来の集合(クリスプ集合)もまったく同様な方法で記述することができる．

次に，これらファジィ集合の**集合演算**を定義する．そのために，いくつかの記号の説明を行う．ある数 α, β があり，いずれも 0 と 1 との間の任意の数とする．このとき，α と β との大きいほうの数をとることを

$$\max(\alpha, \beta) \quad \text{あるいは} \quad \alpha \vee \beta$$

と表わす．たとえば，

$$0.6 \vee 0.4 = \max(0.6, 0.4) = 0.6$$

となる．一方，α と β との小さいほうの数をとることを

$$\min(\alpha, \beta) \quad \text{あるいは} \quad \alpha \wedge \beta$$

と表わす．例えば，

$$0.6 \wedge 0.4 = \min(0.6, 0.4) = 0.4$$

となる．

そこで，これらの記号を用いて，集合の和集合，積集合，補集合を定義する．まず，和集合については，帰属度の大きい方をとることにする．すなわち，2つのファジィ集合を

$$A = \sum_{i=1}^{n} \mu_A(x_i)/x_i$$

$$B = \sum_{i=1}^{n} \mu_B(x_i)/x_i$$

とすると，A と B の**和集合** I は，

$$I = A \cup B = \sum_{i=1}^{n}(\mu_A(x_i) \vee \mu_B(x_i))/x_i$$

となる．

一方，積集合については，帰属度の小さい方をとることにする．すなわち，A と B の**積集合** J は，

$$J = A \cap B = \sum_{i=1}^{n}(\mu_A(x_i) \wedge \mu_B(x_i))/x_i$$

となる．

最後に，補集合については，各要素の帰属度を完全に帰属していることを示している1から引くことにより定義される．そこで，α を0と1との間の任意の数とすると，1から α の値を引く演算を

$$\overline{\alpha} = 1 - \alpha$$

とする．例えば，$\alpha = 0.6$ とすると，

$$\overline{0.6} = 0.4$$

となる．したがって，集合 A の**補集合** K は，

$$K = \overline{A} = \sum_{i=1}^{n}\overline{\mu_A(x_i)}/x_i$$

となる．

ところで，ファジィ集合の定義は，一般の数の定義にも適用可能であり，ファジィな表現のまま数を定義することができる．例えば，「6ぐらい」の数はファジィ集合の表記法によれば以下のようになる．

$$\text{「6ぐらい」} = 0.3/4 + 0.7/5 + 1.0/6 + 0.7/7 + 0.3/8$$

なお，上式に示した**メンバーシップ関数(帰属度関数)**の値は，主観により適当に定めたものである(図7.2参照)．ただし，**メンバーシップ値** 0 の要素は，省略可能である．この表記法によれば，従来の数も同様に示すことができ，以

7.1 ファジィ集合と拡張原理

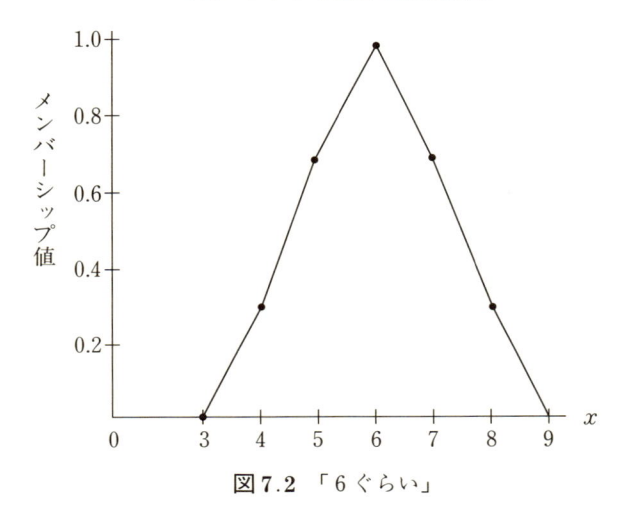

図7.2 「6ぐらい」

下のようになる．

$$「6」= \cdots + 0.0/4 + 0.0/5 + 1.0/6 + 0.0/7 + 0.0/8 + \cdots$$
$$= 1.0/6 \quad (=6)$$

これは，ファジィ集合が従来の集合を包含した形で定義されていることを示すものである．また，上記の表現法で示される「6ぐらい」($\sum_i \mu_A(x_i)/x_i$)のような形で表現される数を「**ファジィ数**」と呼ぶ．

次に，ファジィ集合の関数，あるいはファジィ集合同士の任意の計算を行うために定義されている**拡張原理**を紹介する．これは，上記の表現法を用いると，

$$f(A) = \sum_{i=1}^{n} \mu_i / f(x_i)$$

と定義される．ただし，Aはファジィ集合を，$f(A)$は任意の関数を表わしている．この原理によりファジィ数の演算が可能となる．例えば，あるファジィ数Aを，

$$A = \sum_i \mu(x_i)/(x_i)$$

とし，$f(A)$ を「3乗」とすると，ファジィ数 A の3乗 A^3 は以下のように表現できる．

$$f(A) = A^3 = \sum_i \mu(x_i)/(x_i)^3$$

すなわち，ファジィ数の演算では個々の数に対して定義された演算を行い，このときの各計算結果のメンバーシップ値は元のメンバーシップ値によって規定されることを示している．さらに，複数のファジィ数の演算もこの原理を用いて行うことができる．すなわち，2つのファジィ集合 A, B に対して，以下のように定義される．

$$f(A, B) = \sum_{i,j} (\mu_A \wedge \mu_B)/f(x_i, x_j)$$

以上示した拡張原理を適用すると，例えば，「6ぐらい」と「3ぐらい」の和は，次のようになる．ただし，「3ぐらい」は以下のように定める．すなわち，

$$\text{「3ぐらい」} = 0.5/2 + 1.0/3 + 0.5/4$$

とすると，

$$\begin{aligned}
\text{「9ぐらい」} &= \text{「6ぐらい」} + \text{「3ぐらい」} \\
&= (0.3/4 + 0.7/5 + 1.0/6 + 0.7/7 + 0.3/8) \\
&\quad + (0.5/2 + 1.0/3 + 0.5/4)
\end{aligned}$$

となる．

次に拡張原理により個々の要素について演算(和)を行うと，

$$\begin{aligned}
&= (0.3/6 + 0.3/7 + 0.3/8) \\
&\quad + (0.5/7 + 0.7/8 + 0.5/9) \\
&\quad + (0.5/8 + 1.0/9 + 0.5/10) \\
&\quad + (0.5/9 + 0.7/10 + 0.5/11) \\
&\quad + (0.3/10 + 0.3/11 + 0.3/12) \\
&= 0.3/6 + 0.5/7 + 0.7/8 + 1.0/9 + 0.7/10 + 0.5/11 + 0.3/12 \\
&\quad (\because \quad \mu_1/x + \mu_2/x \longrightarrow (\mu_1 \vee \mu_2/x)
\end{aligned}$$

7.1 ファジィ集合と拡張原理

が得られる.

このファジィ集合「9ぐらい」のメンバーシップ関数は図7.3に示すようになる.この図からも明らかなように,ファジィ数同士の演算の結果のメンバーシップ関数は,元のファジィ数のメンバーシップ関数より幅が広くなっている.すなわち,よりあいまいになっていることがわかる.

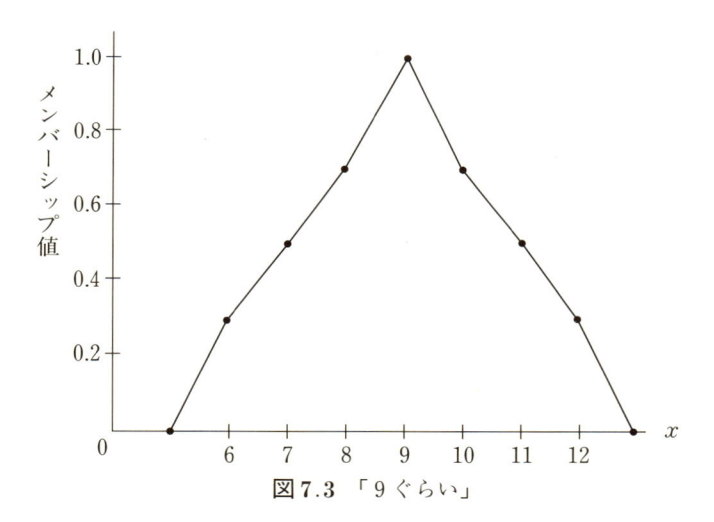

図7.3 「9ぐらい」

同様にして,ファジィ数の差の演算(掛け算も割り算も可能)も行うことができる.

次に,Q 7-1 の例に戻ることにする.そこで,図7.1に示した各区間の所要時間を以下に示すファジィ集合 T_1, T_4 で表わす.

$T_1(A \to B)$: 10分ぐらい

$\quad T_1 = 0.2/8 + 1.0/10 + 0.8/12$

$T_2(B \to C)$: 15分ぐらい

$\quad T_2 = 0.5/13 + 1.0/15 + 0.4/22$

$T_3(C \to D)$: 10分ぐらい

$\quad T_3 = 0.8/8 + 1.0/10 + 0.2/12$

$T_4(B \to D)$： 30 分ぐらい

$T_4 = 0.5/28 + 1.0/30 + 0.5/32$

したがって，拡張原理を用いて，ルート I，ルート II の所要時間を計算すると以下のようになる．

ルート I の所要時間 $= T_1 + T_2 + T_3$
$= T_{12} + T_3$
$= T_{123}$

$T_{12} = T_1 + T_2$
$= (0.2/21 + 0.2/23 + 0.2/30) + (0.5/23 + 1.0/25 + 0.4/32)$
$+ (0.5/25 + 0.8/27 + 0.4/34)$
$= 0.2/21 + 0.5/23 + 1.0/25 + 0.8/27 + 0.2/30 + 0.4/32 + 0.4/34$

$T_{123} = T_{12} + T_3$
$= (0.2/29 + 0.5/31 + 0.8/33 + 0.8/35 + 0.2/38 + 0.4/40 + 0.4/42)$
$+ (0.2/31 + 0.5/33 + 1.0/35 + 0.8/37 + 0.2/40 + 0.4/42 + 0.4/44)$
$+ (0.2/33 + 0.2/35 + 0.2/37 + 0.2/39 + 0.2/42 + 0.2/44 + 0.2/46)$
$= 0.2/29 + 0.5/31 + 0.8/33 + 1.0/35 + 0.8/37 + 0.2/38 + 0.2/39$
$+ 0.4/40 + 0.4/42 + 0.4/44 + 0.2/46$

ルート II の所要時間 $= T_1 + T_4$
$= T_{14}$

$T_{14} = T_1 + T_4$
$= (0.5/36 + 0.8/38 + 0.5/40) + (0.5/38 + 1.0/40 + 0.5/42)$
$+ (0.2/40 + 0.2/42 + 0.2/44)$
$= 0.5/36 + 0.8/38 + 1.0/40 + 0.5/42 + 0.2/44$

以上の計算結果をグラフにまとめると，図 7.4 に示すようになる．すなわち，

ルート I ＝「35 分くらい」(29 分から 46 分まで)
ルート II ＝「40 分くらい」(36 分から 44 分まで)

図 7.4 2つのルートの計算結果

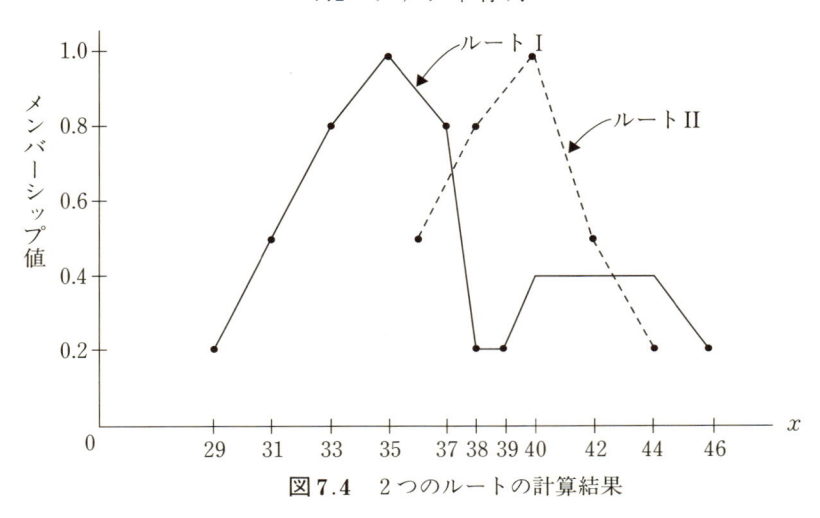

したがって，ルート I は，相対的に速いけれども不確実（高速道路の渋滞がありうる）であり，ルート II は，相対的に遅いけれども確実である．ゆえに，平常時はルート I を選択し，渋滞時はルート II を選択するのがよいことがわかる．

7.2 ファジィ行列

Q 7-2　あいまいな状況における演算は？

次の2つのファジィ行列 A, B に関して，以下の演算はどうすればよいのだろうか？

$$A = \begin{bmatrix} 0.2 & 0.5 & 0.8 \\ 0.3 & 0.1 & 0.9 \\ 0.4 & 0.2 & 0.5 \end{bmatrix}, \quad B = \begin{bmatrix} 0.8 & 0.6 & 0.2 \\ 0.4 & 0.3 & 0.6 \\ 0.5 & 0.4 & 0.3 \end{bmatrix}$$

(i)　$C = A \oplus B$ の演算は？
(ii)　$C = A \otimes B$ の演算は？

(iii) $\overline{A}$ の演算は？

A 7-2 ファジィ行列は，ファジィ関係を行列表現したものであるが，ここでは，このようなファジィ行列の和，積，補ファジィ行列に関する演算の内容を紹介する．

その前にファジィ関係について説明する．あるグループに入会した新入会員U，V，W君は，先輩の会員，X，Y，Z氏に対してある信頼関係を結んでいる．ただし，新入会員の集合を $P=\{U, V, W\}$ とし，先輩の会員の集合を $Q=\{X, Y, Z\}$ とする．このとき，新入会員と先輩の会員との信頼関係を S とすると，S を行列で表現することができる．例えば，

$$S = \begin{array}{c} \\ U \\ V \\ W \end{array} \begin{array}{c} X \quad Y \quad Z \\ \left[\begin{array}{ccc} 0 & 1 & 0 \\ 0 & 0 & 1 \\ 1 & 1 & 0 \end{array}\right] \end{array}$$

のように表わすと，U君はY氏に，V君はZ氏に，W君はX氏とY氏に信頼を寄せていることがわかる．しかし，これらの関係において，信頼を寄せる(1)，信頼を寄せない(0)だけでなく，その程度(度合い)を認めると，関係 S はファジィ関係となる．すなわち，先輩に対して信頼を寄せるというような主観的な感情は，1か0だけでは表現できないことのほうが多い．このようなとき，ファジィ集合の考え方を適用して0と1の間の任意の数を使用すれば，現実の状態を反映しやすくなる．例えば，

$$S = \begin{array}{c} \\ U \\ V \\ W \end{array} \begin{array}{c} X \quad Y \quad Z \\ \left[\begin{array}{ccc} 0.2 & 0.9 & 0.3 \\ 0.5 & 0 & 1 \\ 0.7 & 0.8 & 0.1 \end{array}\right] \end{array}$$

のように表わすことにする．これを**ファジィ行列**と呼ぶ．この場合，U君がX氏に信頼を寄せる程度は0.2であることがわかる．

次に，このようなファジィ行列の演算について説明する．そこで，ある$m \times n$型ファジィ行列Aの成分a_{ij}は，

$$A = \begin{bmatrix} a_{11} & a_{12} & \cdots & a_{1n} \\ a_{21} & a_{22} & \cdots & a_{2n} \\ \multicolumn{4}{c}{\dotfill} \\ a_{m1} & a_{m2} & \cdots & a_{mn} \end{bmatrix}$$

のように表わすことにする．さらに，この行列を簡単に，

$$A = [a_{ij}]$$

と表わすこともある．ただしここで，$0 \leq a_{ij} \leq 1$, $1 \leq i \leq m$, $1 \leq j \leq n$ とする．

（i）**和**

2つのファジィ行列$A = [a_{ij}]$, $B = [b_{ij}]$ があるとき，

$$c_{ij} = a_{ij} \vee b_{ij}$$

となるc_{ij}を成分とするファジィ行列Cを，ファジィ行列A, Bの**和**といい，

$$C = A \oplus B$$

と表わすことにする．

例題では，以下のようになる．

$$A \oplus B = \begin{bmatrix} 0.2 & 0.5 & 0.8 \\ 0.3 & 0.1 & 0.9 \\ 0.4 & 0.2 & 0.5 \end{bmatrix} \oplus \begin{bmatrix} 0.8 & 0.6 & 0.2 \\ 0.4 & 0.3 & 0.6 \\ 0.5 & 0.4 & 0.3 \end{bmatrix}$$

$$= \begin{bmatrix} 0.2 \vee 0.8 & 0.5 \vee 0.6 & 0.8 \vee 0.2 \\ 0.3 \vee 0.4 & 0.1 \vee 0.3 & 0.9 \vee 0.6 \\ 0.4 \vee 0.5 & 0.2 \vee 0.4 & 0.5 \vee 0.3 \end{bmatrix}$$

$$= \begin{bmatrix} 0.8 & 0.6 & 0.8 \\ 0.4 & 0.3 & 0.9 \\ 0.5 & 0.4 & 0.5 \end{bmatrix}$$

(ii) **積**

2つのファジィ行列 $A=[a_{ij}]$, $B=[b_{ij}]$ があるとき，

$$c_{ij}=a_{ij}\wedge b_{ij}$$

となる c_{ij} を成分とするファジィ行列 C を，ファジィ行列 A, B の**積**といい，

$$C=A\otimes B$$

と表わすことにする．

例題では，以下のようになる．

$$A\otimes B = \begin{bmatrix} 0.2 & 0.5 & 0.8 \\ 0.3 & 0.1 & 0.9 \\ 0.4 & 0.2 & 0.5 \end{bmatrix} \otimes \begin{bmatrix} 0.8 & 0.6 & 0.2 \\ 0.4 & 0.3 & 0.6 \\ 0.5 & 0.4 & 0.3 \end{bmatrix}$$

$$= \begin{bmatrix} 0.2\wedge 0.8 & 0.5\wedge 0.6 & 0.8\wedge 0.2 \\ 0.3\wedge 0.4 & 0.1\wedge 0.3 & 0.9\wedge 0.6 \\ 0.4\wedge 0.5 & 0.2\wedge 0.4 & 0.5\wedge 0.3 \end{bmatrix}$$

$$= \begin{bmatrix} 0.2 & 0.5 & 0.2 \\ 0.3 & 0.1 & 0.6 \\ 0.4 & 0.2 & 0.3 \end{bmatrix}$$

(iii) **補ファジィ行列**

ファジィ行列 $A=[a_{ij}]$ があるとき，

$$(1-a_{ij})$$

を成分とするファジィ行列を A の**補ファジィ行列**といい，

$$\overline{A} = [1 - a_{ij}]$$

と表わすことにする．

例題では，以下のようになる．

$$\overline{A} = \begin{bmatrix} 1-0.2 & 1-0.5 & 1-0.8 \\ 1-0.3 & 1-0.1 & 1-0.9 \\ 1-0.4 & 1-0.2 & 1-0.5 \end{bmatrix}$$

$$= \begin{bmatrix} 0.8 & 0.5 & 0.2 \\ 0.7 & 0.9 & 0.1 \\ 0.6 & 0.8 & 0.5 \end{bmatrix}$$

7.3 ファジィ行列積

Q 7-3　あいまいな状況における影響度は？

A 7-2 に示したように $P=\{U, V, W\}$ の $Q=\{X, Y, Z\}$ に対する信頼関係が表わされるとする．一方，X，Y，Z氏それぞれの趣味 $R=\{$麻雀，ゴルフ$\}$ に対する好みの度合いは，以下に示されるとおりとする．

$$T = \begin{array}{c} \\ X \\ Y \\ Z \end{array} \begin{array}{c} \text{麻雀} \quad \text{ゴルフ} \\ \begin{bmatrix} 0.6 & 0.9 \\ 0.8 & 0.2 \\ 0.4 & 0.6 \end{bmatrix} \end{array}$$

一方，新入会員のU，V，W君は，いずれも入会以前真面目で，あまり遊ばなかった様子である．ところで，これら3名は，先輩であるX，Y，Z氏の影響で，どの趣味に興ずるであろうか？　ただし，信頼度の強い先輩からの影響がその度合いに応じて強いとする．

A 7-3 2つのファジィ行列 $A=[a_{ik}]$, $B=[b_{kj}]$ があるとき,
$$c_{ij}=\bigvee_k (a_{ik} \wedge b_{kj})$$

となる c_{ij} を成分とするファジィ行列 C を,ファジィ行列 A, B の**行列積**といい,

$$C = A \circ B$$

と表わすことにする.ただし,ファジィ行列の行列積は,ファジィ関係の合成を示している.

ところで,本例題は,$S(P \times Q)$ と $T(Q \times R)$ という2つのファジィ関係の合成を示している.その結果,$S \circ T(P \times R)$ のファジィ関係を導出するものである.したがって,2つのファジィ行列 S, T の行列積を求めることになる.

$$S \circ T = \begin{bmatrix} 0.2 & 0.9 & 0.3 \\ 0.5 & 0 & 1 \\ 0.7 & 0.8 & 0.1 \end{bmatrix} \circ \begin{bmatrix} 0.6 & 0.9 \\ 0.8 & 0.2 \\ 0.4 & 0.6 \end{bmatrix}$$

$$= \begin{bmatrix} (0.2 \wedge 0.6) \vee (0.9 \wedge 0.8) \vee (0.3 \wedge 0.4) & (0.2 \wedge 0.9) \vee (0.9 \wedge 0.2) \vee (0.3 \wedge 0.6) \\ (0.5 \wedge 0.6) \vee (0 \wedge 0.8) \vee (1 \wedge 0.4) & (0.5 \wedge 0.9) \vee (0 \wedge 0.2) \vee (1 \wedge 0.6) \\ (0.7 \wedge 0.6) \vee (0.8 \wedge 0.8) \vee (0.1 \wedge 0.4) & (0.7 \wedge 0.9) \vee (0.8 \wedge 0.2) \vee (0.1 \wedge 0.6) \end{bmatrix}$$

$$= \begin{bmatrix} 0.8 & 0.3 \\ 0.5 & 0.6 \\ 0.8 & 0.7 \end{bmatrix}$$

以上の結果,U君は麻雀をする度合いは 0.8 であり,ゴルフをする度合い 0.3 を上回っていることがわかる.

7.4 ファジィ積分

Q 7-4 あいまいな状況における評価は？

関西の有名野球チーム「なにわセネターズ」は近年，連続最下位に甘んじている．大物監督招へいに成功したものの，チームの体質は変わらず，監督の意向「考える野球」は浸透しなかった．そこで，チームのオーナーは，「なにわセネターズ」の**総合評価**を行うことにした．現況分析を行い，チームの補強など，来シーズンへの建て直し計画の参考にしようと考えたからである．

そこで，評価基準として，（Ⅰ）監督のサイ配，（Ⅱ）投手力，（Ⅲ）打力，（Ⅳ）人気，（Ⅴ）チームプレー，を挙げることにした．そして次に，これら5つの評価基準に対する「なにわセネターズ」の評価を10点法でとることにした．ただしこの評価は，「どれくらいよいのか」の尺度であり，10点は最高によく，0点はまったくよくないことを表わしている．その結果は，表7.1に示すようになった．そこでこれらのデータを基にした，「なにわセネターズ」の総合評価はどうなるであろうか？

表7.1 評価基準と評点

野球チームの総合評価を構成している評価基準	評点
（Ⅰ） 監督のサイ配	10点
（Ⅱ） 投手力	7点
（Ⅲ） 打力	4点
（Ⅳ） 人気	8点
（Ⅴ） チームプレー	2点

A 7-4　（1）単純平均

ところで最も簡単な総合評価は，各評価基準における評点の**単純平均**である．

本例の場合，評価基準は5つあり，各評価基準ごとの**評価値** $h(j)$ ($j=1, \cdots, 5$) である．したがってこの場合，**総合評価値** E_1 は，

$$E_1 = \sum_{j=1}^{5} h(j)/5$$
$$= \frac{10+7+4+8+2}{5}$$
$$= 6.2$$

となる．この方法による総合評価値(6.2点)は，図7.5に示した図形の面積であることがわかる．

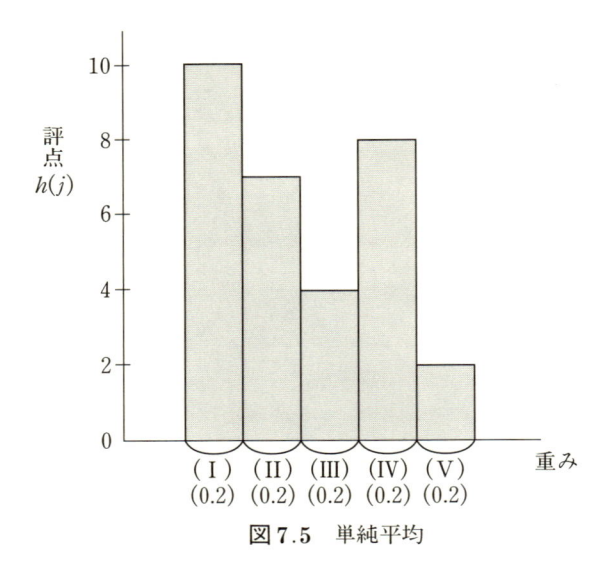

図 7.5 単純平均

しかし，実際には各評価基準のウェイトは均一ではなく，寄与率の大きい評価基準と小さい評価基準がある．そこで次の**総合評価**は，それらを考慮した手法で行うことにする．

(2) 加重平均

この方法は，各評価基準ごとの評価値に，その評価基準の寄与率の重みを掛けて，**加重平均**する．各評価基準の評点を $h(j)$ ($j=1, \cdots, 5$)，各評価基準の寄与率の重みを $g(j)$ ($j=1, \cdots, 5$) とすると，総合評価値 E_2 は，

$$E_2 = \sum_{j=1}^{5} h(j) \cdot g(j)$$

となる．ただし，上記の $g(j)$ は AHP 手法により求めることにする．そこで，各評価基準間の一対比較を行う．

結果は，表7.2に示したとおりである(第6章を参照)．

表7.2 一対比較行列

	(Ⅰ)	(Ⅱ)	(Ⅲ)	(Ⅳ)	(Ⅴ)
(Ⅰ)	1	1	4	2	3
(Ⅱ)	1	1	3	1	4
(Ⅲ)	1/4	1/3	1	1/2	1/3
(Ⅳ)	1/2	1	2	1	2
(Ⅴ)	1/3	1/4	3	1/2	1

この結果，各評価基準の重み(W)は以下のようになる．

$$W^T = (0.319, \ 0.289, \ 0.075, \ 0.198, \ 0.119)$$

したがって，野球チームの総合評価に最も影響する評価基準は5つの基準のうち，(Ⅰ)監督のサイ配の基準であり，32％弱の影響力をもつことがわかった．以下，(Ⅱ)投手力，(Ⅳ)人気，の基準と続くことがわかる．すなわち，各評価基準の寄与率の重み $g(j)$ は次のように定まる．

$$g(\mathrm{Ⅰ}) = 0.319, \quad g(\mathrm{Ⅱ}) = 0.289, \quad g(\mathrm{Ⅲ}) = 0.075$$
$$g(\mathrm{Ⅳ}) = 0.198, \quad g(\mathrm{Ⅴ}) = 0.119$$

これらの $g(j)$ 値により総合評価値 E_2 を求めると，

$$E_2 = 10 \times 0.319 + 7 \times 0.289 + 4 \times 0.075 + 8 \times 0.198 + 2 \times 0.119$$
$$= 7.335$$

となる．ただし，この場合 $g(j)$ と W は同一である．この方法による総合評価値(7.335点)は図7.6に示した図形の面積であることがわかる．

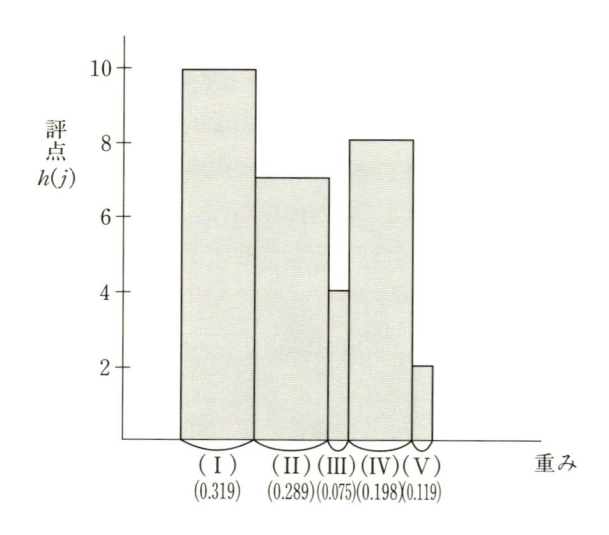

図 7.6　加重平均

　ところでこの手法は，「分析と総合」に関して，きわめて形式的な立場をとっている．すなわち，各評価基準の評価値を総計したものが全体の評価になり，全体の評価を分解すれば，各評価基準の評価値になるということである．ところが，実際には各評価基準の総和をとったものが，必ずしも全体そのものにならないということを経験することが多々ある．というのは，各評価基準同士の相乗効果とか相殺効果などが起こるからである．つまり各評価基準は正しく評価されているのに，全体の総合評価は，各評価基準の評価値を加重平均した値と一致しない場合があるのである．そこで，次にこの問題の総合評価に関して，

総合の仕方をうまく考慮した手法(ファジィ積分)で分析することにする．

(3) ファジィ積分

ファジィ積分による解析をファジィ測度の概念，ファジィ測度の決定，ファジィ積分による総合評価の順に説明する．

(i) ファジィ測度の概念

加重平均による総合評価(AHPによる解析)の際，各評価基準の寄与率の重みを決定した．例えば，評価基準(Ⅰ)監督のサイ配の重みは31.9％，評価基準(Ⅱ)投手力の重みは28.9％であった．ところが，これら2つの評価基準を一緒にした寄与率の重みは，31.9％＋28.9％＝60.8％ではなく，もっと大きいとみる場合(相乗効果)やもっと小さいとみる場合(相殺効果)がある．そこで，野球チームの総合評価を行うためには，各評価基準のあらゆる組合せに対する寄与率の重み(これを**ファジィ測度**という)を決めなければならない．

ところで，本稿の例における各評価基準を(Ⅰ)から(Ⅴ)まで考えた．そして，これらの評価基準それぞれ単独の寄与率をAHPにより求めた．そこで，次に，これら5つの評価基準のなかから任意の2組，3組，4組，全部(5評価基準とも)を合わせたものに対する寄与率を与えなければならない．実際の評価基準の組合せは，以下に示す2^5個である．

評価基準が1つもない集合：　1個
評価基準が1つだけの集合(Ⅰ)，(Ⅱ)，(Ⅲ)，(Ⅳ)，(Ⅴ)：　5個
評価基準が2つの集合　(Ⅰ＋Ⅱ)，(Ⅰ＋Ⅲ)，(Ⅰ＋Ⅳ)，(Ⅰ＋Ⅴ)，
　　　　　　　　　　(Ⅱ＋Ⅲ)，(Ⅱ＋Ⅳ)，(Ⅱ＋Ⅴ)，(Ⅲ＋Ⅳ)，
　　　　　　　　　　(Ⅲ＋Ⅴ)，(Ⅳ＋Ⅴ)：　10個
評価基準が3つの集合　集合の内容は省略：　$_5C_3=10$個
評価基準が4つの集合　集合の内容は省略：　$_5C_4=5$個
5つの評価基準全部の集合：　1個

以上で，組合せは $2^5=32$ 個となる．一般的に，評価基準が n 個の場合，その部分集合は 2^n 個あり，この数の寄与率を与えなければならない．しかし，実際の計算のために，各評価基準の評点 $h(j)$ ($j=1, \cdots, 5$) を，大きい順に並べておけば，n 個の寄与率(ファジィ測度)を与えればよいことが証明されている．この例の場合，

$$h(\text{I}) > h(\text{IV}) > h(\text{II}) > h(\text{III}) > h(\text{V})$$

となる(表7.1参照)．したがって，次の5つの寄与率(ファジィ測度)が必要となる．

$$g(\text{I}), \quad g(\text{I}+\text{IV}), \quad g(\text{I}+\text{IV}+\text{II}),$$
$$g(\text{I}+\text{IV}+\text{II}+\text{III}), \quad g(\text{I}+\text{IV}+\text{II}+\text{III}+\text{V})$$

(ii) **ファジィ測度の決定**

さて，特に評価基準 X に対する測度を**ファジィ密度**(AHPにより求めた寄与率)と呼ぶ．そして，このファジィ密度から他のファジィ測度を計算する生成規則として，ここでは次の式を採用する．

$$g(x_1 \cup x_2) = g(x_1) + g(x_2) + \lambda \cdot P_{\text{I},\text{II}} \cdot g(x_1) \cdot g(x_2)$$

ただし，ここで $0 \leq \lambda \leq 1.0$ である．

$P_{\text{I},\text{II}}$：**相乗・相殺効果**の度合い(評価項目 x_1，x_2 による)

$P_{\text{I},\text{II}} > 0$ 　(相乗効果)

$P_{\text{I},\text{II}} < 0$ 　(相殺効果)

この方法では，相乗・相殺効果の度合い $P_{\text{I},\text{II}}$ がアンケート調査などにより導出されることがわかる．ところで，ここでは上式より，各々のファジィ測度は以下に示すようになったとする(λ，$P_{i,j}$ の具体的な値は省略する)．

$$g(\text{I}) = 0.319$$
$$g(\text{I}+\text{IV}) = g(\text{I}) + g(\text{IV}) + \lambda \cdot P_{\text{I},\text{IV}} \cdot g(\text{I}) \cdot g(\text{IV}) = 0.530$$

7.4 ファジィ積分

$$g(\text{I}+\text{IV}+\text{II})=g(\text{I}+\text{IV})+g(\text{II})+\lambda(P_{\text{I},\text{II}}\cdot g(\text{I})\cdot g(\text{II})$$
$$+P_{\text{IV},\text{II}}\cdot g(\text{IV})\cdot g(\text{II}))=0.825$$

$$g(\text{I}+\text{IV}+\text{II}+\text{III})=g(\text{I}+\text{IV}+\text{II})+g(\text{III})+\lambda(P_{\text{I},\text{III}}\cdot g(\text{I})\cdot g(\text{III})$$
$$+P_{\text{IV},\text{III}}\cdot g(\text{IV})\cdot g(\text{III})+P_{\text{II},\text{III}}\cdot g(\text{II})\cdot g(\text{III}))=0.925$$

$$g(\text{I}+\text{IV}+\text{II}+\text{III}+\text{V})=1.0$$

(iii) ファジィ積分による総合評価

次に，評価基準(I)から(V)の評点のなかで最低点は，評価基準(V)の2点である．そこでこの2点に的を絞ると，他の評価基準の評点は，すべて2点よりも高い点になる．つまり，0～2点の間には，すべての評価基準が含まれている．そこでこの間の評点は，2点に(I+IV+II+III+V)のファジィ測度1.0を掛けた値になる．結局，

$$E(1)=2\times g(\text{I}+\text{IV}+\text{II}+\text{III}+\text{V})$$
$$=2\times 1.0$$
$$=2.0$$

と表現できる．

次に低い評点は，評価基準(III)の4点である．つまり，2点以上4点までには，評価基準(I+IV+II+III)が含まれている．そこで，この間の評点 $E(2)$ は，

$$E(2)=(4-2)\times g(\text{I}+\text{IV}+\text{II}+\text{III})$$
$$=2\times 0.925$$
$$=1.85$$

となる．

同様にして，4点以上7点までの部分評点 $E(3)$ は，

$$E(3)=(7-4)\times g(\text{I}+\text{IV}+\text{II})$$
$$=3\times 0.825$$

$= 2.475$

となる．

以下，7 点以上 8 点まで，8 点以上 10 点までのそれぞれの部分評点 $E(4)$，$E(5)$ は，

$$E(4) = (8-7) \times g(\text{I} + \text{IV})$$
$$= 1 \times 0.530$$
$$= 0.530$$
$$E(5) = (10-8) \times g(\text{I})$$
$$= 2 \times 0.319$$
$$= 0.638$$

となる．

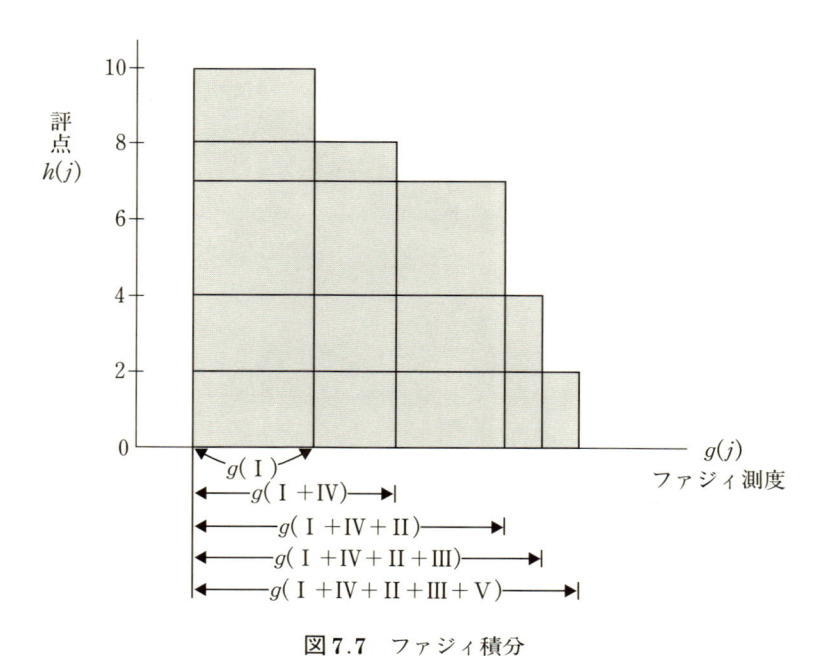

図 7.7 ファジィ積分

この結果，**ファジィ積分**による「なにわセネターズ」の総合評価値 E_3 は，

$$E_3 = E(1) + E(2) + E(3) + E(4) + E(5)$$
$$= 7.493$$

となる．

この方法による総合評価値(7.493点)は，図7.7に示した図形の面積であることがわかる．そして，この図は，ファジィ積分の計算過程を示している．

第8章　システム化のための数理モデル

　本章では，システム工学における階層構造化手法(ISM と Dematel)を具体的な例とともに説明する．ISM モデルは J. N. Warfield によって提唱された階層構造化手法の1つであり，Dematel 法は，専門的知識をアンケートという手段により集約することによって，問題の構造を明らかにするものであり，問題複合体の本質を明確にし，共通の理解を集める方法である．

8.1　I S M

Q 8-1　客観的に階層構造を作るには？

　第6章において AHP を紹介したが，そのとき，問題の評価基準を階層構造に分解した．しかし，そこで示した例では，意思決定者が階層構造を主観的に決定している．したがって，数学モデルを用いて，より客観的な方法で最適な階層構造を導出することが望まれる．このような場合に用いられる数学的手法とはどのようなモデルであるのか？

A 8-1　最適な階層構造を導出する数学的手法に **ISM** モデルがある．このモデルは，J. W. Warfield によって提唱された **Interpretive Structural Modeling** の頭文字をとった名称で，**階層構造化手法**の1つである．

このモデルの特徴は，次に示すとおりである．

(ⅰ) 問題を明確にするためには，多くの人の知恵を集める必要があるとする参加型のシステムである．

(ⅱ) このような**ブレーンストーミング**(集団的思考の技術で，通常リーダーを含めて 5 ～ 10 名が集まり，できるだけ奇抜な思いつきをできるだけ多く出し合い，他人の案は決して批判しない．案の選択は，のちにそのための別の会合を開いて行う．この方法を個人の思考の態度とするときは**ソロ・ブレーンストーミング**という．1939 年に A. F. オズボーンが，アメリカの広告会社で妙案を出す方法として試みたのが始まりである．平凡社『世界大百科事典』より)で得られた内容を定性的な方法で構造化し，結果を視覚的(階層構造)に示すシステムである．

(ⅲ) 手法としては，アルゴリズム的であり，コンピュータによるサポートを基本としている．

このような手法を実際の問題に適用することにより，人間のもつ直感や経験的判断による認識のもつ矛盾点を修正し，問題をより客観的に明確にすることができる．

次に，このモデルの計算手順を示す．まず，何人かのメンバーを集め，ブレーンストーミングにより関連要素を抽出する．そしてこの要素の一対比較を行い，要素 i が要素 j に影響を与えていれば 1，そうでなければ 0 として関係行列を作る．以下，図 8.1 を参照しながら読んでいただきたい．

さて，ISM モデルの計算手順を「住宅の選定」に関する評価基準を例に説明する．

まず何人かのメンバーを集め，ブレーンストーミングにより，「住宅の選定」に関係すると思われる評価基準を抽出した．その結果は，表 8.1 に示すようになった．ただし，評価基準の数は全部で 10 である．次に，これら 10 個の評価基準の一対比較を行い，評価基準 i が評価基準 j に影響を与えていれば 1，そうでなければ 0 として**関係行列**(D)を作る．この例において，表 8.2 に示すよ

8.1 ISM

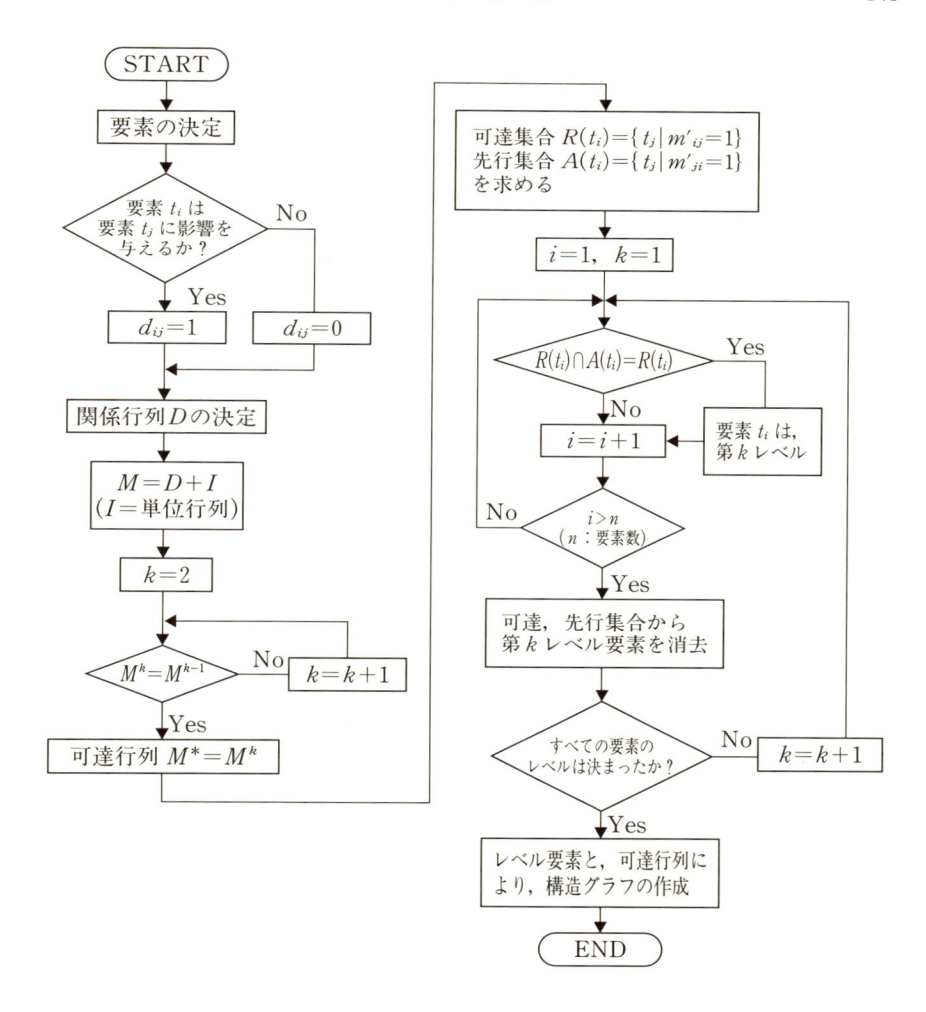

図 8.1 ISM のアルゴリズム

うになった．そして，**単位行列** I を加えて

$$M = D + I \tag{8.1}$$

とする．

表 8.1 評価基準のリスト

番号	評価基準の内容
1	住宅の選定
2	価　格
3	立地条件
4	物件内容
5	快適性
6	便利さ
7	居住面積
8	レイアウト
9	景　観
10	環　境

表 8.2 関係行列

評価基準	1	2	3	4	5	6	7	8	9	10
1	0	0	0	0	0	0	0	0	0	0
2	1	0	0	0	0	0	0	0	0	0
3	1	0	0	0	0	0	0	0	0	0
4	1	0	0	0	0	0	0	0	0	0
5	1	0	1	0	0	0	0	0	0	0
6	1	0	1	0	0	0	0	0	0	0
7	1	0	0	1	0	0	0	0	0	0
8	1	0	0	1	0	0	0	0	0	0
9	1	0	1	0	1	0	0	0	0	0
10	1	0	1	0	1	0	0	0	0	0

この M のベキ乗を次々と求め，**可達行列** M^* を計算する（$M^k = M^{k-1}$ となるまで計算する）．ただし，可達行列とは以下に示す内容である．

(8.1)式のように$(D+I)$ を M と書くと，これを$(k-1)$回以上ベキ乗計算を行っても計算は変わらなくなる．ここで k は D の次元である．すなわち $M^{k-1} = M^k = M^{k+1}$ となる．このような行列を元の行列 D の**可達行列**(reachability matrix)と呼び，M^* と表わす．ただし，この**行列演算**は，1（影響あり）と 0（影響なし）で行う．

この例の可達行列 M^* は表 8.3 に示すとおりである．次に，この可達行列により，各評価基準 t_i に対して，

$$\text{可達集合} \quad R(t_i) = \{ t_j \mid m'_{ij} = 1 \} \tag{8.2}$$

$$\text{先行集合} \quad A(t_i) = \{ t_j \mid m'_{ji} = 1 \} \tag{8.3}$$

を求める．このことをより簡単にいえば，可達集合 $R(t_i)$ を求めるには，各行を見て「1」になっている列を集めればよく，選考集合 $A(t_i)$ を求めるには，各列を見て「1」になっている行を集めればよい．この例における各評価基準の

可達集合と先行集合は表 8.4 に示すとおりである．

表 8.3 可達行列

評価基準	1	2	3	4	5	6	7	8	9	10
1	1	0	0	0	0	0	0	0	0	0
2	1	1	0	0	0	0	0	0	0	0
3	1	0	1	0	0	0	0	0	0	0
4	1	0	0	1	0	0	0	0	0	0
5	1	0	1	0	1	0	0	0	0	0
6	1	0	1	0	0	1	0	0	0	0
7	1	0	0	1	0	0	1	0	0	0
8	1	0	0	1	0	0	0	1	0	0
9	1	0	1	0	1	0	0	0	1	0
10	1	0	1	0	1	0	0	0	0	1

表 8.4 可達集合と先行集合

t_i	$R(t_i)$	$A(t_i)$	$R(t_i) \cap A(t_i)$
1	①	①, 2, 3, 4, 5, 6, 7, 8, 9, 10	1
2	①, 2	2	2
3	①, 3	3, 5, 6, 9, 10	3
4	①, 4	4, 7, 8	4
5	①, 3, 5	5, 9, 10	5
6	①, 3, 6	6	6
7	①, 4, 7	7	7
8	①, 4, 8	8	8
9	①, 3, 5, 9	9	9
10	①, 3, 5, 10	10	10

各評価基準の階層構造におけるレベルの決定は，この可達集合 $R(t_i)$ と先行集合 $A(t_i)$ により，

$$R(t_i) \cap A(t_i) = R(t_i) \tag{8.4}$$

となるものを，逐次求めていくものである．(8.4)式において，表8.4を満たすものは評価基準1だけであるから，まず第1レベルが決まる．すなわち，

$$L_1 = \{1\}$$

である．次に，評価基準1を表8.4から消去(丸印を付ける)して，同じように表8.4を満たす評価基準を抽出する．その結果，レベル2としては，

$$L_2 = \{2, 3, 4\}$$

となる．次に，これらの評価基準{2, 3, 4}を消去すると，表8.5のようになる．

表8.5 可達集合と先行集合

t_i	$R(t_i)$	$A(t_i)$	$R(t_i) \cap A(t_i)$
5	⑤	⑤, 9, 10	5
6	⑥	⑥	6
7	⑦	⑦	7
8	⑧	⑧	8
9	⑤, 9	9	9
10	⑤, 10	10	10

この表に対して，また(8.4)式を適用すると，レベル3は

$$L_3 = \{5, 6, 7, 8\}$$

となる．そしてまた，(8.4)式を適用すると，レベル4は，

8.1 ISM

$L_4 = \{9, 10\}$

となる.すなわち,この階層構造のレベルは4水準までとなる.これらのレベルごとの評価基準と表8.3に示した可達行列より,隣接するレベル間の評価基準の関係を示す**構造化行列**が得られる.この例の場合,表8.6に示すようになる.

表8.6 構造化行列

評価基準	1	2	3	4	5	6	7	8	9	10
1	1	0	0	0	0	0	0	0	0	0
2	1	1	0	0	0	0	0	0	0	0
3	1	0	1	0	0	0	0	0	0	0
4	1	0	0	1	0	0	0	0	0	0
5	0	0	1	0	1	0	0	0	0	0
6	0	0	1	0	0	1	0	0	0	0
7	0	0	0	1	0	0	1	0	0	0
8	0	0	0	1	0	0	0	1	0	0
9	0	0	0	0	1	0	0	0	1	0
10	0	0	0	0	1	0	0	0	0	1

この構造化行列より階層構造が決定する.すなわち,レベル1である評価基準1の列を見ると{1, 2, 3, 4}に1があり,レベル2である評価基準2,3,4と関連することがわかる.同様にして,評価基準3には評価基準5,6が,評価基準4には評価基準7,8が,評価基準5には評価基準9,10が関連していることがわかる.

以上,関連している評価基準間を線で結び,レベル1からレベル4の階層構造を図示したものが,図8.2である.

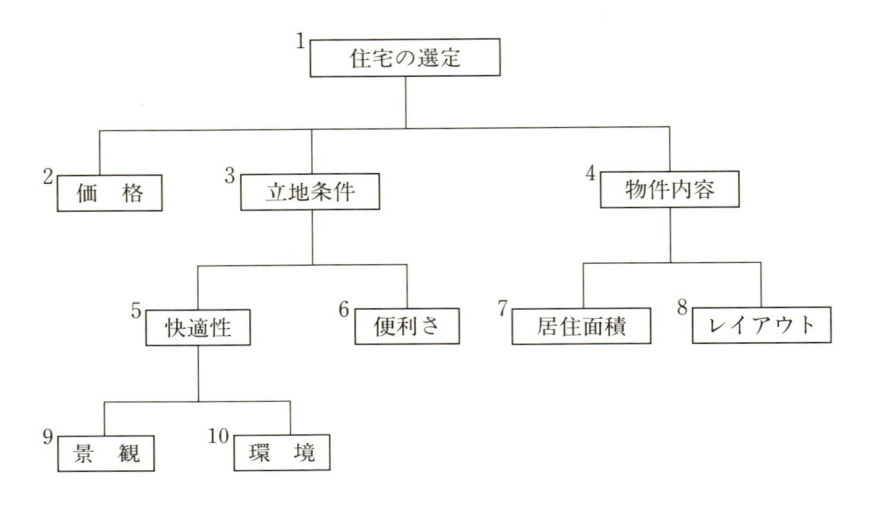

図8.2 階層構造

8.2 ISMの適用例

Q 8-2 公共投資の優先順位を決めるには？

　ISMの適用例として道路整備の着工優先順位を考える．道路は，日常生活や産業活動に欠くことのできない最も普遍的かつ基礎的な交通施設であるとともに，良好な生活環境の形成や，防災空間，都市施設の収容空間としての役割を担っている．

　ところが，わが国の道路整備の水準は非常に立ち後れており，道路財政の充実・強化を図りつつ，高速自動車道から市町村道に至るまでの道路網の体系的かつ計画的な整備，環境面をも重視した適正な道路空間の確保，および適切な維持管理を通じた安全で快適な道路交通の常時確保を基本方針として，道路整備を進めていく必要がある．また，限られた財源を有効に使い効率的な整備を進めるべく，道路網における各路線の優先度を評価し，緊急度の高いものから順次着工していくことが望まれる．

8.2 ISMの適用例

そこで，このような道路整備の着工優先順位問題の階層構造をISM手法を使って決定しようというものである．どのようにすればよいのであろうか？

A 8-2 まず，道路整備の専門家を含む数名のメンバーを集め，ブレーンストーミングにより，道路整備の着工優先順位に関すると思われる要素の抽出を行った．その結果は，表8.7に示すとおりである．

表8.7 要素のリスト

要素 t_i	要素の内容
1	道路整備の着工優先順位
2	利便性
3	環境性
4	経済性
5	アクセス性
6	快適性
7	確実性
8	安全性
9	整備水準
10	交通規制
11	防災関連
12	関連交通施設
13	用地費
14	施設費

これらの要素の具体的な内容は次のとおりである．

- t_1 （道路整備の着工優先順位）： 比較対象路線において道路整備の着工優先順位を示す．
- t_2 （利便性）： 実際に利用した時に関する要因を示す．
- t_3 （環境性）： その道路における物理的要因を示す．
- t_4 （経済性）： 予算額のとりやすさを示す．
- t_5 （アクセス性）： ある目的地までの距離を示す．

t_6 （快適性）： 不快感など肉体的感覚を示す．
t_7 （確実性）： 車両の通行状態すなわち渋滞度を示す．
t_8 （安全性）： 事故などの危険性を示す．
t_9 （整備水準）： 道路幅員の充足度を示す．
t_{10} （交通規制）： 一方通行や通行止めなどの有無を示す．
t_{11} （防災関連）： 歩車道の分離および防災空間の状態を示す．
t_{12} （関連交通施設）： バス路線や高速道路などの有無を示す．
t_{13} （用地費）： 幅員の水準確保に必要な用地に関する費用を示す．
t_{14} （施設費）： 主として歩車道の分離に必要な施設に関する費用を示す．

次に，これら14の要素の一対比較を行い，関係行列 (D) を作った．その結果は，表8.8に示すとおりである．さらに，この関係行列 (D) から可達行列 M^* を計算した．その結果は，表8.9に示すとおりである．

表8.8　関係行列

t_{ij}	1	2	3	4	5	6	7	8	9	10	11	12	13	14
1	0	0	0	0	0	0	0	0	0	0	0	0	0	0
2	1	0	0	0	0	0	0	0	0	0	0	0	0	0
3	1	0	0	0	0	0	0	0	0	0	0	0	0	0
4	1	0	0	0	0	0	0	0	0	0	0	0	0	0
5	1	1	0	0	0	0	0	0	0	0	0	0	0	0
6	1	1	0	0	0	0	0	0	0	0	0	0	0	0
7	1	1	0	0	0	0	0	0	0	0	0	0	0	0
8	1	1	0	0	0	0	0	0	0	0	0	0	0	0
9	1	0	1	0	0	0	0	0	0	0	0	0	0	0
10	1	0	1	0	0	0	0	0	0	0	0	0	0	0
11	1	0	1	0	0	0	0	0	0	0	0	0	0	0
12	1	0	1	0	0	0	0	0	0	0	0	0	0	0
13	1	0	0	1	0	0	0	0	0	0	0	0	0	0
14	1	0	0	1	0	0	0	0	0	0	0	0	0	0

8.2 ISMの適用例

表 8.9 可達行列

t_{ij}	1	2	3	4	5	6	7	8	9	10	11	12	13	14
1	1	0	0	0	0	0	0	0	0	0	0	0	0	0
2	1	1	0	0	0	0	0	0	0	0	0	0	0	0
3	1	0	1	0	0	0	0	0	0	0	0	0	0	0
4	1	0	0	1	0	0	0	0	0	0	0	0	0	0
5	1	1	0	0	1	0	0	0	0	0	0	0	0	0
6	1	1	0	0	0	1	0	0	0	0	0	0	0	0
7	1	1	0	0	0	0	1	0	0	0	0	0	0	0
8	1	1	0	0	0	0	0	1	0	0	0	0	0	0
9	1	0	1	0	0	0	0	0	1	0	0	0	0	0
10	1	0	1	0	0	0	0	0	0	1	0	0	0	0
11	1	0	1	0	0	0	0	0	0	0	1	0	0	0
12	1	0	1	0	0	0	0	0	0	0	0	1	0	0
13	1	0	0	1	0	0	0	0	0	0	0	0	1	0
14	1	0	0	1	0	0	0	0	0	0	0	0	0	1

さらに，この可達行列から，可達集合 $R(t_i)$，先行集合 $A(t_i)$ を求め，各要素の階層構造におけるレベル水準を決める．その結果，レベル1は，

$$L_1 = \{1\}$$

となり，レベル2は，

$$L_2 = \{2, 3, 4\}$$

となり，レベル3は，

$$L_3 = \{5, 6, 7, 8, 9, 10, 11, 12, 13, 14\}$$

となる．

すなわち，この階層構造のレベルは3水準までとなる．これらのレベルごとの要素と可達行列より，隣接するレベル間の要素の関係を示す構造化行列が得られる．その結果は，表8.10に示すとおりである．

表 8.10　構造化行列

t_{ij}	1	2	3	4	5	6	7	8	9	10	11	12	13	14
1	1	0	0	0	0	0	0	0	0	0	0	0	0	0
2	1	1	0	0	0	0	0	0	0	0	0	0	0	0
3	1	0	1	0	0	0	0	0	0	0	0	0	0	0
4	1	0	0	1	0	0	0	0	0	0	0	0	0	0
5	0	1	0	0	1	0	0	0	0	0	0	0	0	0
6	0	1	0	0	0	1	0	0	0	0	0	0	0	0
7	0	1	0	0	0	0	1	0	0	0	0	0	0	0
8	0	1	0	0	0	0	0	1	0	0	0	0	0	0
9	0	0	1	0	0	0	0	0	1	0	0	0	0	0
10	0	0	1	0	0	0	0	0	0	1	0	0	0	0
11	0	0	1	0	0	0	0	0	0	0	1	0	0	0
12	0	0	1	0	0	0	0	0	0	0	0	1	0	0
13	0	0	0	1	0	0	0	0	0	0	0	0	1	0
14	0	0	0	1	0	0	0	0	0	0	0	0	0	1

この構造化行列より階層構造が決まる．すなわち，図 8.3 に示すとおりとなる．

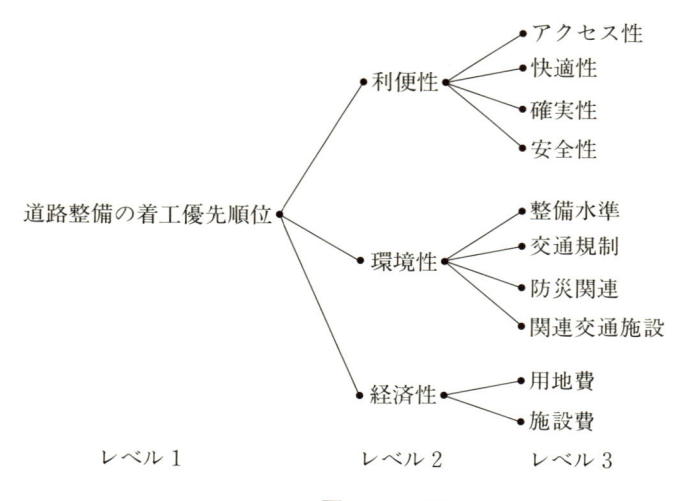

図 8.3　階層構造

8.3 Dematel 法

Q 8-3 問題の本質をつかむとは？

システム化のための数理モデル（多くの要素が複雑にからみ合った状況において，これらの多くの要素の関係を適確に把握しなければならない問題に直面したときの数理モデル）として，**システム工学**における階層構造化手法の中にISMとDematelがあるといわれている．ISMは前述されたとおりであるが，Dematelとはどのようなモデルであるのか？

A 8-3 Dematel法は，**Decision Making Trial and Evaluation Laboratory** の略で専門的知識を，**アンケート**という手段により集約することによって問題の構造を明らかにするものであり，問題複合体の本質を明確にし，共通の理解を集める手法である．この手法は，スイスのバテル研究所が**世界的複合問題**（World Problematique，南北問題，東西問題，資源・環境問題等）を分析するために開発したものである．内容的には前述したISM手法と類似している．

すなわち，システムが大きくなると，そのシステムを構成している各要素，およびそれらの結合状態を認識することが難しくなる．このような場合，各要素の関係を効率よく作成する手法が開発されている．これはシステムの**構造解析**あるいは**構造化**と呼ばれているが，このなかに前述したISMとDematelがある．ただし，DematelがISMと異なる点は，以下の3点である．

（ⅰ）要素間の**一対比較アンケート**において，ISMでは1か0で答えているのに対して，Dematelでは，0，2，4，8（あるいは1，2，3，4）といういくつかの段階で答えている．

（ⅱ）（ⅰ）の一対比較を行う際，ISMでは人間とコンピュータが対話的（interactive）に進めていくが，Dematelでは専門家へのアンケートによ

(iii) ISM では，要素間の関係に推移性を仮定しているが，Dematel では，このような仮定は設けず，（i）で得られた行列(**クロスサポート行列**と呼ぶ)を処理して，システムの構造を表現している．

さて，この Dematel 法は，世界的複合問題のほか，環境アセスメント，都市再開発問題，学校における教科カリキュラムの編成，競技者ランキング問題などに適用されている．

次に，Dematel 法の数学的背景と計算手順を説明する．まず，与えられた問題(テーマ)に対する要素(問題項目)をこの問題(テーマ)に関する専門家に抽出してもらう．そして，これら要素間の一対比較を行い，要素 i が要素 j にどれくらい**直接影響**(寄与)しているかを a_{ij} で表わし，行列 A (**クロスサポート行列**)を作る．成分 a_{ij} は要素 i が要素 j に与える直接影響(寄与)の程度を示している．もちろん，これらの一対比較もこの問題の専門家にアンケートを行い作成するものであるが，専門家は次に示すような形容尺度に伴う数値により**各影響**(寄与)**の程度** a_{ij} を評価する．

   非常に大きい直接影響(寄与) ： 8
   かなりの直接影響(寄与) ： 4
   ある程度の直接影響(寄与) ： 2
   無視しうる直接影響(寄与) ： 0

このほかにも尺度として，4，3，2，1 が用いられる場合がある．ところで行列 A は**直接的影響**(寄与)のみを表わしているので，各要素間の**間接的影響**(寄与)をも表現することを考える．そこで，まず行列 $A = [a_{ij}]$ から**直接影響行列** D を次式により定義する(ただし，s は**尺度因子**といい，後で詳しく説明する)．

$$D = s \cdot A \quad (s > 0) \tag{8.5}$$

あるいは

8.3 Dematel 法

$$d_{ij} = s \cdot a_{ij} \quad (s > 0) \tag{8.6}$$
$$i, j = 1, 2, \ldots, n$$

すなわちこの行列は，各要素間の直接的な影響の強さを相対的に表示したものである．次に，この行列 D の**行和**

$$d_{is} = \sum_{j=1}^{n} d_{ij} \tag{8.7}$$

は，要素 i が他のすべての要素に与える尺度付けられた**直接的影響の総計**を示している．一方，行列 D の**列和**

$$d_{sj} = \sum_{i=1}^{n} d_{ij} \tag{8.8}$$

は，要素 j が他のすべての要素から受け取る尺度付けられた直接的影響の総計を示す．また，(8.7)式と(8.8)式の和すなわち，

$$d_i = d_{is} + d_{sj} \tag{8.9}$$

を要素 i の尺度付けられた**直接的影響強度**という．さらに次式で定義される $W_i(d)$ は，

$$W_i(d) = \frac{d_{is}}{\sum_{i=1}^{n} d_{is}} \tag{8.10}$$

となり，要素 i の直接の影響を与える観点からの**正規化された重み**である．そして，

$$V_j(d) = \frac{d_{sj}}{\sum_{j=1}^{n} d_{sj}} \tag{8.11}$$

は，要素 j の直接の影響を受ける観点からの正規化された重みである．

次に，D^2 の (i, j) 要素を $d_{ij}^{(2)}$ と書けば，

$$d_{ij}^{(2)} = \sum_{k=1}^{n} d_{ik} \cdot d_{kj} \tag{8.12}$$

を得る.クロスサポート行列 A の各要素間において,推移関係が成立するので,2段階による間接的な影響が2つの直接的な影響の積,すなわち $d_{ik} \cdot d_{kj}$ により表わせる.したがって,D^2 の要素 $d_{ij}^{(2)}$ は要素 i から要素 j への他のすべての要素($k=1, 2, \cdots, n$)を通じての2段階による影響の程度を示している.同様にして,D^m の (i, j) 要素 $d_{ij}^{(m)}$ は,m 段階での要素 i から要素 j への**間接的な影響**の程度を示すことになる.したがって,

$$D + D^2 + \cdots + D^m = \sum_{i=1}^{m} D^i \tag{8.13}$$

は,m 段階までの**直接と間接の影響の総和**を示す.そこで,各要素間の直接と間接の影響を測る**全影響行列**を F とすれば,$m \to \infty$ のとき $D^m \to 0$ となるならば,F は,

$$F = \sum_{i=1}^{\infty} D^i = D(I-D)^{-1} \tag{8.14}$$

となる.ここで I は単位行列である.すなわち,全影響行列 F は,要素 i から要素 j への他のすべての要素を通じての直接と間接の影響すべての強さを表わすものである.

次に示す行列 H

$$H = \sum_{j=2}^{\infty} D^i = D^2(I-D)^{-1} \tag{8.15}$$

は上式からも明らかなように,全影響行列 F から直接影響行列 D を取り除いて得られる要素間の間接的な影響の強さのみを表わすものである.この行列を**間接影響行列**と呼ぶ.行列 $F = [f_{ij}]$ と $H = [h_{ij}]$ の第 i 行の和

$$f_{is} = \sum_{j=1}^{n} f_{ij}, \qquad h_{is} = \sum_{j=1}^{n} h_{ij} \tag{8.16}$$

は，要素 i が他の要素に与える直接および間接影響の総計 (f_{is}) と間接影響の総計 (h_{is}) を示す．一方，行列 $F=[f_{ij}]$ と $H=[h_{ij}]$ の第 j 列の和

$$f_{sj}=\sum_{i=1}^{n} f_{ij}, \qquad h_{sj}=\sum_{j=1}^{n} h_{ij} \tag{8.17}$$

は，要素 j が他の要素から受け取る直接および間接影響の総計 (f_{sj}) と間接影響の総計 (h_{sj}) を示す．また，(8.16)式と(8.17)式の和，すなわち，

$$f_i=f_{is}+f_{sj}, \qquad h_i=h_{is}+h_{sj} \tag{8.18}$$

を要素 i の**全影響強度** (f_i) と**間接的影響強度** (h_i) という．さらに，次式で定義される $W_i(f)$，$W_i(h)$ は，

$$W_i(f)=\frac{f_{is}}{\sum_{i=1}^{n} f_{is}} \tag{8.19}$$

$$W_i(h)=\frac{h_{is}}{\sum_{i=1}^{n} h_{is}} \tag{8.20}$$

となり，それぞれ要素 i の直接および間接の影響を与える観点からの正規化された重み $W_i(f)$ と要素 i の間接の影響を与える観点からの正規化された重み $W_i(h)$ を表わす．そして，

$$V_j(f)=\frac{f_{sj}}{\sum_{j=1}^{n} f_{sj}} \tag{8.21}$$

$$V_j(h)=\frac{h_{sj}}{\sum_{j=1}^{n} h_{sj}} \tag{8.22}$$

は，それぞれ要素 j の直接および間接の影響を受ける観点からの正規化された重み $V_j(f)$ と要素 j の間接の影響を受ける観点からの正規化された重み $V_j(h)$ を表わす．

次に，尺度因子 s について考えることにする．前述した $m \to \infty$ のとき，$D^m \to 0$ になるという仮定は，「間接的影響は因果の連鎖が長くなるにつれて減少していく」という経験的事実による．この仮定は行列 D の尺度因子 s をどのように選ぶべきかということに関する情報を与える．

ところで，行列理論の定理によれば，行列 D の**スペクトル半径** $\rho(D)$ が 1 より小さいとき，(8.14)式に示した級数 $F = \sum_{i=1}^{\infty} D^i$ は $D(I-D)^{-1}$ に収束することがわかっている．また，$\rho(D)$ の上限は次式より簡単に与えられる．

$$\rho(D) \leq \max_{1 \leq i \leq n} \sum_{j=1}^{n} |d_{ij}|$$
$$= s \cdot \max_{1 \leq i \leq n} \sum_{j=1}^{n} |a_{ij}| \tag{8.23}$$

または，

$$\rho(D) \leq \max_{1 \leq j \leq n} \sum_{i=1}^{n} |d_{ij}|$$
$$= s \cdot \max_{1 \leq j \leq n} \sum_{i=1}^{n} |a_{ij}| \tag{8.24}$$

となる．

これから，級数 F が収束するためには，尺度因子 s が，

$$0 < s < \sup \tag{8.25}$$

の区間で与えられることが条件になる．ただし，sup は，

$$\sup = \frac{1}{\max_{1 \leq i \leq n} \sum_{j=1}^{n} |a_{ij}|} \tag{8.26}$$

または，

$$\sup = \frac{1}{\max_{1 \leq j \leq n} \sum_{i=1}^{n} |a_{ij}|} \tag{8.27}$$

8.3 Dematel法

で与えられる．ここで，s の値を変化させることにより，推移性の程度や間接的影響の程度を制御することができる．もし，s を小さく選べば，間接的影響が直接的影響に比べて相対的に低くなる．通常，尺度因子 s は，(8.27)式で与えられる上限 sup か，この 1/2，3/4 を与える．

Dematel の計算手順を図にすると図 8.4 に示すようになる．出力として，直接影響行列 D，全影響行列 F，間接影響行列 H より，要素 i から j の影響度をあるしきい値で切り，それより強い影響のあるものだけを関係ありとし，3種

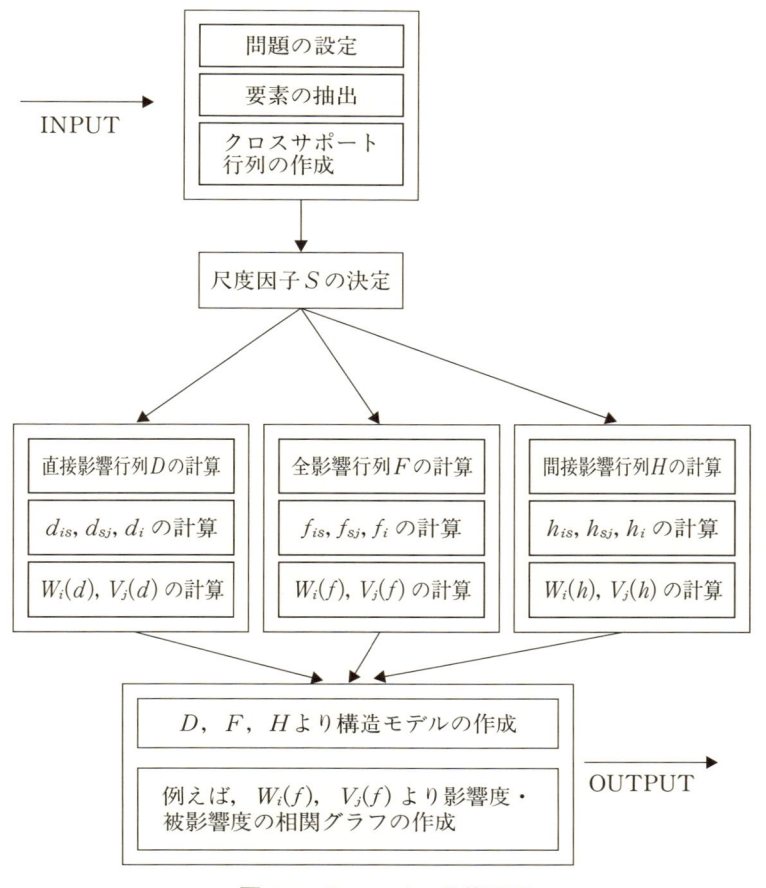

図 8.4 Dematel の計算手順

類の**構造化グラフ**(直接影響,全影響,間接影響)が作成される.さらに,例えば,要素 i の直接および間接の影響を与える観点からの正規化された重み $W_i(f)$ と要素 j の直接および間接の影響を受ける観点からの正規化された重み $V_j(f)$ の**相関グラフ**が作成される.この場合,このグラフは縦軸に W_i(影響度),横軸に V_j(被影響度)として表示される.

8.4 Dematel 法の適用例

Q 8-4 人間関係を円滑に進めるには?

あるプロジェクトのグループは 12 名で構成されていた.どこのグループでも同じであるが,このグループもなかなか人間関係が複雑で,もめごとや争いごとが絶えない.そして仕事もスムーズに運ばないことが多い.そこで,このプロジェクトグループ 12 名のスタッフをあずかっているマネージャーは,これら 12 名の人間関係を調べ,その構造化グラフを作成することにした.さらに,この分析に Dematel 法を用いることにした.さて,どのようにすればいいのであろうか?

A 8-4 さて,この場合の要素は 12 名のスタッフであり,1 番から 12 番まで番号を記した.そして,i 番目のスタッフが j 番目のスタッフにどれくらい直接影響を与えているかを調査した.その結果は,表 8.11 に示したクロスサポート行列である.このクロスサポート行列より計算した上限の sup は 0.042 である.この例において尺度因子 s にこの 0.042 を採用した.

この結果,直接影響行列 D,全影響行列 F,間接影響行列 H はそれぞれ表 8.12,表 8.13,表 8.14 に示すようになった.そして,これら 3 つの行列より,3 種類の構造化グラフを作成する.その際,**しきい値**は,直接影響行列($p=0.1$),全影響行列($p=0.15$),間接影響行列($p=0.05$)とする.すなわち,しきい値以上の影響度のある (i, j) 要素のみを関係ありとする構造化グラフを作

8.4 Dematel 法の適用例

表8.11 クロスサポート行列

	1	2	3	4	5	6	7	8	9	10	11	12
1	0	0	2	0	0	0	4	0	8	0	0	0
2	8	0	0	0	2	0	0	0	0	0	0	0
3	0	2	0	0	0	0	2	0	0	0	0	0
4	0	0	4	0	0	0	4	0	0	0	0	0
5	0	0	0	2	0	0	0	0	0	0	0	0
6	4	0	0	4	4	0	0	0	0	0	2	0
7	0	0	0	0	0	0	0	0	0	0	0	0
8	4	0	2	2	0	0	0	0	0	4	0	0
9	4	0	2	0	0	0	0	0	0	0	0	0
10	4	4	0	0	0	0	2	0	0	0	0	2
11	0	2	0	8	0	0	0	0	0	0	0	0
12	0	4	0	0	0	0	0	0	0	0	4	0

成した．それらは，図8.5（直接影響行列），図8.6（全影響行列），図8.7（間接影響行列）に示すとおりである．ただし，この場合は，図8.5と図8.6が一致している．

次に，要素 i の直接および間接の影響（全影響）を与える観点からの正規化された重み W_i と要素 j の直接および間接の影響（全影響）を受ける観点からの正規化された重み V_j の値は表8.15に示したとおりである．また，それらの相関グラフを作成した．その結果は，図8.8に示したとおりである．このグラフより7番目のスタッフは，他のスタッフからの影響を強く受けながらも他のスタッフにあまり影響を与えていないことがわかる．これとは対照的に6番，8番のスタッフは，他のスタッフに多大な影響を与えているが，他のスタッフからあまり影響を受けていないことがわかる．一方5番のスタッフは，他のスタッフからの影響をあまり受けないで，かつ，他のスタッフへあまり影響を与えないことがわかる．

第8章　システム化のための数理モデル

表 8.12　直接影響行列

	1	2	3	4	5	6	7	8	9	10	11	12
1	0	0	0.083	0	0	0	0.167	0	0.333	0	0	0
2	0.333	0	0	0	0.083	0	0	0	0	0	0	0
3	0	0.083	0	0	0	0	0.083	0	0	0	0	0
4	0	0	0.167	0	0	0	0.167	0	0	0	0	0
5	0	0	0	0.083	0	0	0	0	0	0	0	0
6	0.167	0	0	0.167	0.167	0	0	0	0	0	0.083	0
7	0	0	0	0	0	0	0	0	0	0	0	0
8	0.167	0	0.083	0.083	0	0	0	0	0	0.167	0	0
9	0.167	0	0.083	0.083	0	0	0	0	0	0	0	0
10	0.167	0.167	0	0	0	0	0.083	0	0	0	0	0.083
11	0	0.083	0	0.333	0	0	0	0	0	0	0	0
12	0	0.167	0	0	0	0	0	0	0	0	0.167	0

表 8.13　全影響行列

	1	2	3	4	5	6	7	8	9	10	11	12
1	0.062	0.01	0.123	0.03	0.001	0	0.192	0	0.354	0	0	0
2	0.354	0.004	0.042	0.017	0.084	0	0.065	0	0.118	0	0	0
3	0.03	0.084	0.004	0.001	0.007	0	0.089	0	0.01	0	0	0
4	0.005	0.014	0.167	0	0.001	0	0.181	0	0.002	0	0	0
5	0	0.001	0.014	0.083	0	0	0.015	0	0	0	0	0
6	0.181	0.012	0.054	0.213	0.168	0	0.07	0	0.06	0	0.083	0
7	0	0	0	0	0	0	0	0	0	0	0	0
8	0.22	0.041	0.123	0.091	0.003	0	0.076	0	0.073	0.167	0.002	0.014
9	0.18	0.01	0.118	0.088	0.001	0	0.055	0	0.06	0	0	0
10	0.241	0.184	0.029	0.013	0.015	0	0.128	0	0.08	0	0.014	0.083
11	0.031	0.088	0.059	0.335	0.007	0	0.066	0	0.01	0	0	0
12	0.064	0.182	0.017	0.059	0.015	0	0.022	0	0.021	0	0.167	0

8.4 Dematel法の適用例

表8.14 間接影響行列

	1	2	3	4	5	6	7	8	9	10	11	12
1	0.062	0.01	0.04	0.03	0.001	0	0.026	0	0.021	0	0	0
2	0.021	0.004	0.042	0.017	0	0	0.065	0	0.118	0	0	0
3	0.03	0	0.004	0.001	0.007	0	0.005	0	0.01	0	0	0
4	0.005	0.014	0.001	0	0.001	0	0.015	0	0.002	0	0	0
5	0	0.001	0.014	0	0	0	0.015	0	0	0	0	0
6	0.014	0.012	0.056	0.047	0.001	0	0.07	0	0.06	0	0	0
7	0	0	0	0	0	0	0	0	0	0	0	0
8	0.054	0.041	0.04	0.007	0.003	0	0.076	0	0.073	0	0.002	0.014
9	0.013	0.01	0.035	0.005	0.001	0	0.055	0	0.06	0	0	0
10	0.075	0.017	0.029	0.013	0.015	0	0.045	0	0.08	0	0.014	0
11	0.031	0.005	0.059	0.001	0.007	0	0.066	0	0.01	0	0	0
12	0.064	0.015	0.017	0.059	0.015	0	0.022	0	0.021	0	0	0

表8.15 影響度と被影響度

	影響度 W_i	被影響度 V_j
1	0.123	0.219
2	0.109	0.1
3	0.036	0.12
4	0.059	0.149
5	0.018	0.048
6	0.135	0.0
7	0.0	0.153
8	0.129	0.0
9	0.082	0.126
10	0.126	0.027
11	0.095	0.043
12	0.087	0.016

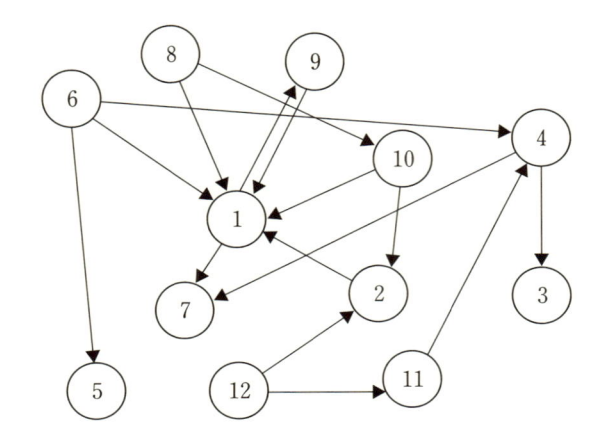

図8.5　直接影響行列Dの構造化グラフ（$p=0.100$）

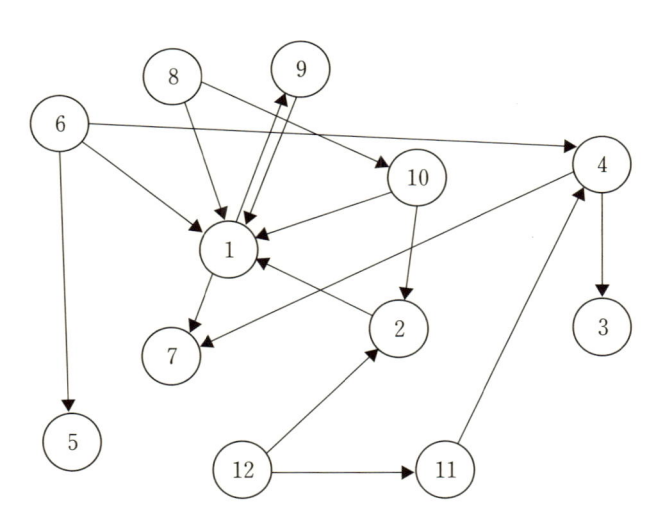

図8.6　全影響行列Fの構造化グラフ（$p=0.150$）

8.4 Dematel 法の適用例

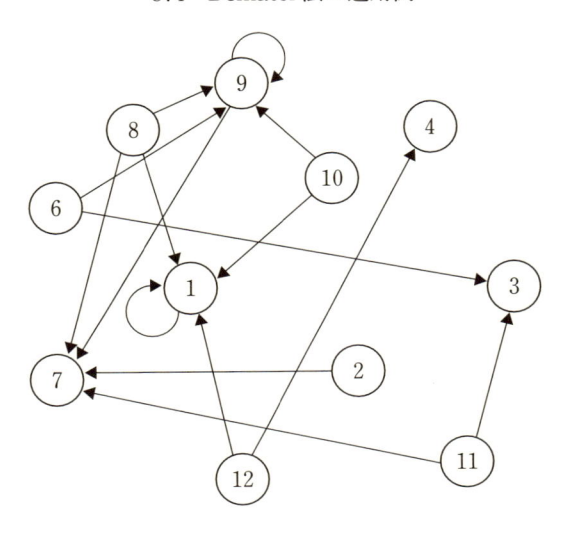

図 8.7 間接影響行列 H の構造化グラフ($p=0.050$)

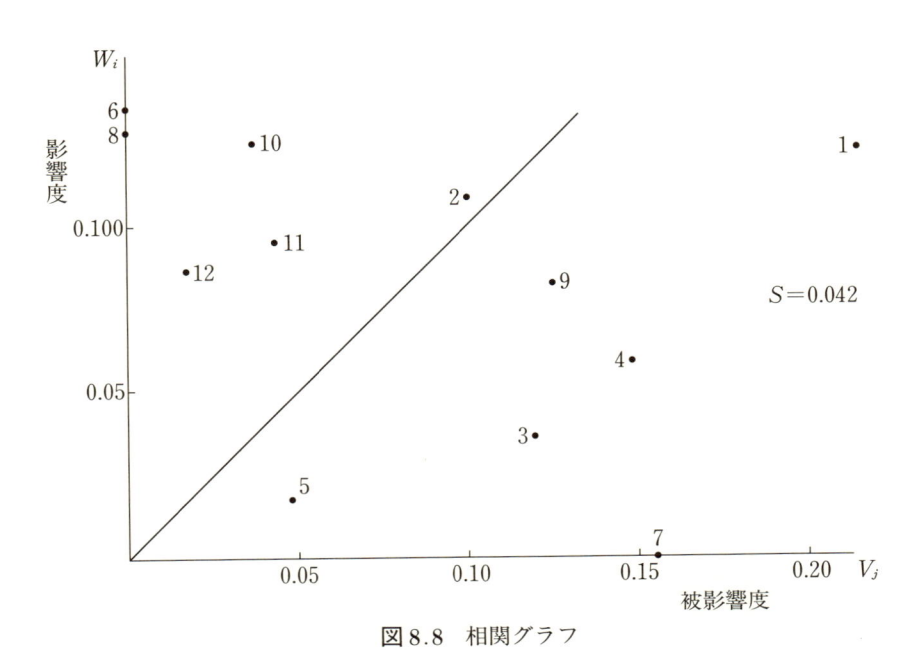

図 8.8 相関グラフ

参 考 文 献

〔1〕 木下栄蔵 『入門統計解析』 講談社サイエンティフィク,2001
〔2〕 木下栄蔵 『オペレーションズ・リサーチ』 工学図書,1995
〔3〕 木下栄蔵 『野球に勝てる数学』 電気書院,1992
〔4〕 木下栄蔵 『多変量解析入門』 近代科学社,1995
〔5〕 武藤真介 『計量心理学』 朝倉書店,1982
〔6〕 木下栄蔵 『意思決定論入門』 近代科学社,1996
〔7〕 伏見多美雄他 『経営の多目標計画』 森北出版,1987
〔8〕 木下栄蔵 『入門AHP』 日科技連出版社,2000
〔9〕 木下栄蔵 「階層分析法による道路の整備優先順位の決定に関する研究」『交通工学』Vol. 25, No. 2, pp. 9-16, 1990
〔10〕 木下栄蔵 「ファジィ積分による高速道路路線の建設優先順位決定に関する研究」『国際交通安全学会誌』Vol. 19, No. 1, pp. 58-65, 1993

索　引

[ア]

ISM (Interpretive Structural Modering)　4, 139
ISM の適用例　146
ISM モデル　139
あいまいさ(不整合性)　97
あいまいな状況　115
　　——における影響度　127
　　——における演算　123
　　——における評価　129
アクセス性　147
アンケート　151
安全性　148
鞍点　38
意思決定基準　3, 50, 55
一対比較　93
一対比較アンケート　151
一対比較行列　95, 97
Warfield, J. N.　139
AHP (Analytic Hierarchy Process：階層分析法)　91, 92, 131
　　——手法　4
　　——ソフト　96
影響(寄与)の程度　152
ON 対決　21
王貞治　15
OERA (Offensive Earned Run Average)　6
　　——値　7
　　——モデル　3, 5

[カ]

大下弘　16
オープンゲーム　37
オズボーン, A. F.　140
落合博満　17
重み　95

[カ]

階層構造　92, 93, 145
　　——化手法　139
快適性　148
外部従属法　105, 109
確実性　148
拡張原理　115, 119
確率分布　25
確率モデル　5
加重平均　131, 132
可達行列 (reachability matrix) M　142
可達集合　142
加藤投手の失言　25
神様・仏様・稲尾様　25
川上哲治　13
簡易計算法　95, 96
関係行列 D　140
環境性　147
間接的影響　152, 154
　　——強度 (h_i)　155
　　——行列　154
完全自由競争＝資本主義　31
関連交通施設　148
幾何平均　97

索引

帰属度関数　116
期待値　56
　──の法則　63
期待得点値　10
基本行列　10
逆行列　94
逆数行列　97
吸収マルコフ連鎖　8
供給量　74, 76
行列演算　142
行列積　128
行和　153
寄与率　133
均衡解　38
金融経済社会　34
Cooper　83
クジの確率　60
クリスプ集合　116
グローバル評価法　78
クロスサポート行列　152
経済性　147
ゲーム(クローズドゲーム)　38
　──の理論　3, 30, 31
公共投資の優先順位　146
公正　58
　──なゲーム　58
構造化　151
　──行列　145
　──グラフ　158
構造解析　151
交通規制　148
コウバーとゲイラー　6
効用関数　3, 60, 63, 65
効用(満足度)　63

国際学会(IFSA)　115
固有値　95, 98
固有ベクトル　95, 97
コンシステンシー指数(整合度指数 C. I.)
　　　　　　　　　　　　97, 98

[サ]

Saaty, T. L.　91
最大機会損失　55
最大固有値　98
最大評価値　103
最適解　73
最適戦略　38
最適な階層構造　139
しきい値　158
システムアプローチ　92
システム工学　151
施設費　148
実行可能解　74
社会的公正　43
弱者ゲーム(Jジレンマゲーム)　43, 44
尺度因子 s　152, 156
集合演算　117
集合の和集合　117
囚人のジレンマ　30, 37
重要性の尺度　94
主観確率　63
主観的判断　92
首尾一貫性(整合性)　97
需要量　74, 76
ジレンマ　43
シンプレックス表　71
シンプレックス法　71
推移確率行列　8

スーパーマトリックス　112
スペクトル半径　156
スラック変数　71
正規化された重み　153
正の差異変数　85
整備水準　148
制約条件　68, 70
世界的複合問題　151
積　126
　——集合 J　117, 118
絶対評価水準　101
絶対評価法　99, 100
ゼロサム社会　33
ゼロ和ゲーム　34
全影響強度(f_i)　155
全影響行列　154
線形計画法　3, 69
　——主問題　67, 70
　——輸送問題　73
先行集合　142
セントペテルスブルグの逆説　55, 58
相関グラフ　158
総合評価(X)　95, 129, 130
　——値(X_i)　103, 130
総合目的　92, 93
相互従属(影響)　104
相互評価　109
相殺効果　132, 134
相乗効果　132, 134
相乗・相殺効果　134
相対評価法　99
相対偏差　79
総輸送経費　73, 77
総輸送量　76

総利益　84
ソロ・ブレーンストーミング　140

[タ]

第5戦で日本一になる場合　26
大数の法則　60
代替案　92, 93
第7戦で日本一になる場合　27
第4戦で日本一になる場合　26
第6戦で日本一になる場合　26
妥協解　79, 82
打者貢献度指数　5
田淵幸一　16
多目的線形計画法　77
多目的線形計画モデル　78
多目的線形計画問題　78
多目標計画の最適化問題　84
単純平均　129
Charnes　83
直接影響(寄与)　152
直接影響行列 D　152
直接的影響　152
　——強度　153
　——の総計　153
直接と間接の影響の総和　154
定式化　70
Dematel 法の適用例　158
Dematel(Decision Making Trial and Evaluation Laboratory)法　4, 151
転置行列　95
等確率　55
道路整備の着工優先順位　146, 147

[ナ]

内部・外部従属法　105
内部従属法　104, 105
長嶋茂雄　14
2目的線形計画法　78
野村克也　15
ノンゼロサムの戦略(囚人のジレンマ)　29

[ハ]

張本勲　14
阪神日本一　18
悲観的　55
非吸収状態　8
非ゼロサム型ゲーム　37
評価基準　92
評価値　101, 130
評価マトリックス　103
費用行列　74
ファジィ関係の合成　128
ファジィ行列　123, 124
　——A, Bの積　126
　——A, Bの和　125
　——の積　124, 127
　——の和　124
ファジィ集合　115, 116
ファジィ手法　4
ファジィ数　119
ファジィ積分　4, 129, 133, 137
　——による総合評価　135
ファジィ測度　133, 134
　——の概念　133
ファジィ密度　134

夫婦ゲーム(Wジレンマゲーム)　43, 47
フォンノイマン　29
藤村富美男　13
2人ゼロ和ゲーム　33, 35
負の差異変数　85
フルビッツの基準　53
プレイヤー　34
ブレーンストーミング　140
分析と総合　132
ペイオフ(利得)行列　35
ペイオフ表　79
変数　70
防災関連　148
補集合 K　117, 118
保証水準　38
補助変数　85
補ファジィ行列　124, 126

[マ]

マキシミンの基準　52
マルコフ連鎖　8
満足度　51, 68
　——の曲線　65
ミニマックス戦略　38
ミニマックスの基準　54
ミニマックスの原理　29, 30, 31, 38
無限大乗　112
メンバーシップ関数(帰属度関数)
　　　　　　　　　　　　116, 118
メンバーシップ値 0　118
目的関数　70
目標計画法　3, 83
モルゲンステルン　29
問題解決型意思決定手法　92

問題の階層化　　*93*
問題の本質をつかむ　　*151*

［ヤ］

山本浩二　　*17*
優先順位　　*95*
優先度の計算　　*95*
輸送経費　　*76*
輸送問題　　*74*
要素　　*92, 93*
用地費　　*148*

［ラ］

楽観的　　*55*
ラプラスの基準　　*51*

リーダーゲーム（Ｌジレンマゲーム）
　　　　　　　　　　　　43, 46
利益最大・損失最小　　*38*
離散量　　*117*
理想値　　*78, 79*
利得関数　　*35*
利得表　　*34*
利便性　　*147*
列和　　*153*
連続量　　*116*

［ワ］

和　　*125*
和集合 I　　*117*

著者紹介

木下 栄蔵（きのした えいぞう）

　　名城大学都市情報学部 教授　工学博士

入門 数理モデル
── 評価と決定のテクニック ──

2001年5月13日　第1刷発行

　　　　　　　　　　　著　者　木　下　栄　蔵
　　　　　　　　　　　発行人　小　山　　薫

　検印　　　　発行所　株式会社　日科技連出版社
　省略　　　　〒151-0051　東京都渋谷区千駄ヶ谷5-4-2
　　　　　　　　　　　電話　出版 03-5379-1244〜5
　　　　　　　　　　　　　　営業 03-5379-1238〜9
　　　　　　　　　　　振替口座　東京 00170-1-7309

　　　　　　　　　　　組版　群　　企　　画
　　　　　　　　　　　印刷　壮　光　舎　印　刷
Printed in Japan　　　製本　小実製本印刷工場

Ⓒ　*Eizo Kinoshita 2001*
ISBN4-8171-5032-7
URL http://www.juse-p.co.jp/

入門 AHP

木下栄蔵 著
A5判　168頁

■ 近年，公共団体や企業におけるさまざまな意思決定や計画の優先順位付けを行うに際して，単に測定可能な数値のみで決定するのではなく，決定を行う個人やグループのメンバー個々の感覚的判断をも取り込んだより納得の得やすい手法としてAHP（Analytic Hierarchy Process：階層分析法）が注目されています．

■ この本は，AHPとその発展形のANP（Analytic Network Process）までをわかりやすく解説しました．題材にした例は，日常的で楽しい話題を多く選びました．AHPを勉強したい学生さんや実際の業務でAHPを使いたい実務者のみなさん，また教養としてAHPを知っておきたいビジネスマンのみなさんにとって，実用的で理解しやすい本になっています．

《主要目次》

第1章　意思決定とAHP

第2章　AHPとは

第3章　AHPにおける計算例

第4章　AHPの使い方

第5章　代替案の選好順序に関する検討

第6章　絶対評価法

第7章　内部従属法

第8章　外部従属法

第9章　ANP

日科技連